ウェブマスター検定 1級

WEBMASTER CERTIFICATE

公式問題集 2024・2025年版

一般社団法人 全日本SEO協会 編

C&R研究所

■本書の内容について

- 本書は編集者が実際に操作した結果を慎重に検討し、著述・編集しています。ただし、本書の記述内容に関わる運用結果にまつわるあらゆる損害・障害につきましては、責任を負いませんのであらかじめご了承ください。

●本書の内容についてのお問い合わせについて

この度はC&R研究所の書籍をお買い上げいただきましてありがとうございます。本書の内容に関するお問い合わせは、「書名」「該当するページ番号」「返信先」を必ず明記の上、C&R研究所のホームページ（https://www.c-r.com/）の右上の「お問い合わせ」をクリックし、専用フォームからお送りいただくか、FAXまたは郵送で次の宛先までお送りください。お電話でのお問い合わせや本書の内容とは直接的に関係のない事柄に関するご質問にはお答えできませんので、あらかじめご了承ください。

〒950-3122 新潟県新潟市北区西名目所4083-6　株式会社 C&R研究所　編集部
FAX 025-258-2801
「ウェブマスター検定 公式問題集 1級 2024・2025年版」サポート係

はじめに

PROLOGUE

『ウェブマスター検定 公式テキスト 2級』では、ウェブサイトを作った後に実施するウェブマーケティングについて解説しました。確かにウェブマーケティングをうまく実施すればサイトの訪問者数は増えます。しかし、それでもまた別の悩みが必ず生まれます。それは「もっとアクセス数が欲しい」「もっと売り上げを増やしたい」という悩みです。

これらの悩みを解消するために『ウェブマスター検定 公式テキスト 1級』の前半では、その手がかりとなる情報を入手するための手段である「アクセス解析」の重要性とその具体的な方法を解説しています。そしてアクセス解析データを見ながら、どこにアクセス数を増やす伸びしろがあるのか、その伸びしろをどのように伸ばせばアクセス数を増やすことができるのかを解説しています。その上でサイト運営者の究極の課題である、もっと多くのサイト訪問者に商品・サービスの購入をしてもらうための「コンバージョン率（成約率）」の改善方法も解説しています。

しかし、それで企業のサイト運営のすべてを知ったことにはなりません。なぜなら、サイトを運営していると必ず何らかのトラブルが発生するからです。トラブルには「Googleから自社サイトが消された」「サーバーのトラブルやシステムの不具合によるサービスの中断」「顧客からのクレーム」「自社に関する悪い評判の増加」「SNSアカウントの突然の停止」「訴訟問題」「外注先とのトラブル」「人材不足」「社員間のトラブル」など、多種多様なものがあります。

これらの問題に対応するために、『ウェブマスター検定 公式テキスト 1級』の後半ではサイトを運営する上でどのような問題が発生するのかを検証し、それらの解決方法、防止方法を解説しています。これらを知ることにより、はじめて経営者やクライアントに頼られる「ウェブマスター（ウェブサイト運営をマスターした者）」であるということができるようになるはずです。

このことを確かなことにするために本書では100問の問題を掲載し、その解答と解説を提供しています。そして検定試験の合格率を高めるために本番試験の仕様と同じ80問にわたる模擬試験問題とその解答、解説を掲載しています。

読者の皆さまが本書を活用して1級の試験に合格し、企業のウェブ集客を成功に導くウェブマスターになり、社会の発展に貢献することを願っています。

2023年9月

一般社団法人全日本SEO協会

本書の使い方

●チェック欄
自分の解答を記入したり、問題を解いた回数をチェックする欄です。合格に必要な知識を身に付けるには、複数回、繰り返し行うと効果的です。適度な間隔を空けて、3回程度を目標にして解いてみましょう。

●問題文
公式テキストに対応した問題が出題されています。左ページの問題と右ページの正解は見開き対照になっています。

WEBMASTER CERTIFICATION TEST 1st GRADE

第5問

次の文中の空欄[1]と[2]に入る最も適切な語句の組み合わせをABCDの中から1つ選びなさい。

1回目 2回目 3回目

GA4における[1]とは、特定のアクションや行動がウェブサイトまたはアプリ上で実行された回数を指す。これらのアクションや行動は[1]と呼ばれ、それらはユーザーがページを閲覧する、ボタンをクリックする、フォームを送信する、キーワード検索をするなど、ウェブサイトやアプリ内で[2]を追跡するために使用される。

A：[1]イベント　[2]行うさまざまなアクション
B：[1]エンゲージメント　[2]発生したさまざまな不具合
C：[1]エンゲージメント　[2]行うさまざまなアクション
D：[1]イベント　[2]発生したさまざまな不具合

第6問

GA4におけるユーザーのエンゲージメントを示す指標に最も含まれにくいものは次のうちどれか？　ABCDの中から1つ選びなさい。

1回目 2回目 3回目

A：コンバージョン
B：訪問者数
C：サイト全体の平均エンゲージメント時間
D：セッションあたりの平均エンゲージメント時間

HOW TO USE THIS BOOK

本書は、反復学習を容易にする一問一答形式になっています。左ページには、ウェブマスター検定1級の公式テキストに対応した問題が出題されています。解答はすべて四択形式で、右ページにはその解答と解説を記載しています。学習時には右ページを隠しながら、左ページの問題を解いていくことができます。

解説欄では、解答だけでなく、解説も併記しているので、単に問題の正答を得るだけでなく、解説を読むことで合格に必要な知識を身に付けることもできます。

また、巻末には本番試験の仕様と同じ80問にわたる模擬試験問題とその解答、解説を掲載しています。白紙の解答用紙も掲載していますので、試験直前の実力試しにお使いください。

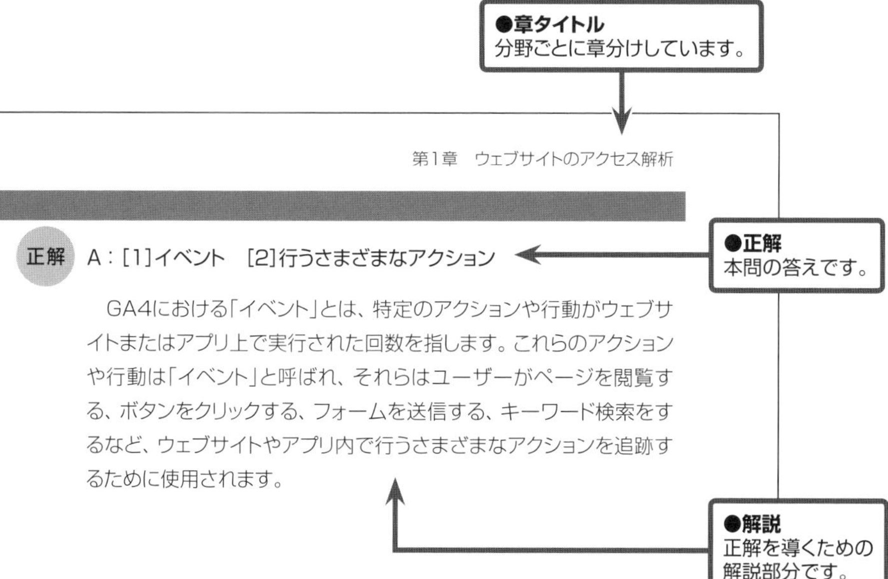

正解 B：訪問者数

GA4は訪問者のエンゲージメントも測定します。これには、訪問者がウェブサイトでどれくらいの時間を過ごしているか、どれくらいのページを閲覧しているか、訪問者がウェブサイトでアクションを実行する頻度などが含まれます。ユーザーのエンゲージメントを示す指標には次のものがあります。

・セッションあたりの平均エンゲージメント時間
・サイト全体の平均エンゲージメント時間

ウェブマスター検定1級　試験概要

運営管理者

《出題問題監修委員》　東京理科大学工学部情報工学科　教授　古川利博
《出題問題作成委員》　一般社団法人全日本SEO協会　代表理事　鈴木将司
《特許・人工知能研究委員》　一般社団法人全日本SEO協会　特別研究員　郡司武
《モバイル技術研究委員》　アロマネット株式会社 代表取締役　中村 義和
《構造化データ研究委員》　一般社団法人全日本SEO協会　特別研究員　大谷将大
《システム開発研究委員》　エムディーピー株式会社　代表取締役　和栗実
《DXブランディング研究委員》　DXブランディングデザイナー　春山瑞恵
《法務研究委員》　吉田泰郎法律事務所　弁護士　吉田泰郎

受験資格

学歴、職歴、年齢、国籍等に制限はありません。

出題範囲

『ウェブマスター検定 公式テキスト 1級』の第1章から第7章までの全ページ
『ウェブマスター検定 公式テキスト 2級』の第1章から第7章までの全ページ
『ウェブマスター検定 公式テキスト 3級』の第1章から第8章までの全ページ
『ウェブマスター検定 公式テキスト 4級』の第1章から第8章までの全ページ

- 公式テキスト
  URL https://www.ajsa.or.jp/kentei/webmaster/1/textbook.html

合格基準

得点率80%以上

- 過去の合格率について
  URL https://www.ajsa.or.jp/kentei/webmaster/goukakuritu.html

出題形式

選択式問題　80問
試験時間　60分

試験形態

所定の試験会場での受験となります。

- 試験会場と試験日程についての詳細
  URL https://www.ajsa.or.jp/kentei/webmaster/1/schedule.html

受験料金

8,000円(税別)/1回(再受験の場合は同一受験料金がかかります)

試験日程と試験会場

- 試験会場と試験日程についての詳細

URL https://www.ajsa.or.jp/kentei/webmaster/1/schedule.html

受験票について

受験票の送付はございません。お申し込み番号が受験番号になります。

受験者様へのお願い

試験当日、会場受付にてご本人様確認を行います。身分証明書をお持ちください。

合否結果発表

合否通知は試験日より14日以内に郵送により発送します。

認定証

認定証発行料金無料(発行費用および送料無料)

認定ロゴ

合格後はご自由に認定ロゴを名刺や印刷物、ウェブサイトなどに掲載できます。認定ロゴはウェブサイトからダウンロード可能です(PDFファイル、イラストレータ形式にてダウンロード)。

認定ページの作成と公開

希望者は全日本SEO協会公式サイト内に合格証明ページを作成の上、公開できます(プロフィールと写真、またはプロフィールのみ)。

- 実際の合格証明ページ

URL https://www.zennihon-seo.org/associate/

目次

CONTENTS

第1章

ウェブサイトのアクセス解析

第1問

次の文中の空欄[1]と[2]に入る最も適切な語句の組み合わせをABCDの中から1つ選びなさい。

サーチコンソールはGA4のような[1]のではなく、[2]利用することができる。その作業をしてから数日以内にデータが見られるようになる。

A：[1]アンカータグをウェブページに埋め込む
　　[2]トラッキングコードを登録するだけで

B：[1]トラッキングコードをウェブページに埋め込む
　　[2]サイトのURLを登録するだけで

C：[1]イメージタグ
　　[2]トラッキングコードを登録するだけで

D：[1]アンカーテキストをウェブページに埋め込む
　　[2]トップページのURLを登録するだけで

第2問

GA4を使うことにより分析できるものに最も含まれにくいものをABCDの中から1つ選びなさい。

A：利用デバイス

B：年齢と性別

C：地理的位置

D：家族構成

正解　B：[1]トラッキングコードをウェブページに埋め込む
[2]サイトのURLを登録するだけで

サーチコンソールはGA4のようなトラッキングコードをウェブページに埋め込むのではなく、サイトのURLを登録するだけで利用することができます。登録申し込みをしてから数日以内にデータが見られるようになります。

正解　D：家族構成

GA4を使うと訪問者の年齢、性別、地理的位置、言語、利用デバイスなどを把握することができます。さらに、ユーザーがウェブサイトを訪れるために使用したブラウザやOS、デバイスの画面解像度などの技術的な情報も取得できます。これらの情報は、ユーザーのプロファイルを理解し、それに合わせてウェブデザインやコンテンツ、マーケティング戦略を調整するのに役立ちます。訪問ユーザーの属性情報には次のものがあります。

・地理的位置
・言語
・年齢と性別
・興味
・利用デバイス
・ブラウザとOS

第3問

GA4で見ることができるチャンネルグループに最も含まれにくいものはどれか?　ABCDの中から1つ選びなさい。

A：Other Advertising
B：Cross-network
C：Organic Shopping
D：Mobile Network

第4問

GA4における「Paid Shopping」とは何を追跡するものか?　ABCDの中から1つ選びなさい。

A：ショッピングサイトでの無料トラフィック

B：GoogleやAmazonのショッピング広告からの訪問者
C：独自ドメインのウェブサイトで発生した売上

D：Amazonなどのショッピングサイトからの訪問者

正解　D：Mobile Network

GA4を使うと、ウェブサイトをはじめて訪問した新規ユーザーのウェブサイトへの流入経路を最も大雑把な形である「チャンネルグループ」という形で知ることができます。チャンネルグループには次のような種類があります。

・Organic Search
・Paid Search
・Referral
・Direct
・Organic Social
・Paid Social
・Organic Video
・Paid Video
・Display
・Affliates
・Email
・Organic Shopping
・Paid Shopping
・Audio
・SMS
・Mobile Push Notifications
・Cross-network
・Other Advertising
・Other

正解　B：GoogleやAmazonのショッピング広告からの訪問者

「Paid Shopping」は有料ショッピングの意味で、ショッピング広告からの有料トラフィックを追跡します。これは、Googleショッピングや Amazon広告などのショッピングプラットフォームでの広告をクリックしてウェブサイトに来た訪問者を指します。

第5問

次の文中の空欄[1]と[2]に入る最も適切な語句の組み合わせをABCDの中から1つ選びなさい。

GA4における[1]とは、特定のアクションや行動がウェブサイトまたはアプリ上で実行された回数を指す。これらのアクションや行動は[1]と呼ばれ、それらはユーザーがページを閲覧する、ボタンをクリックする、フォームを送信する、キーワード検索をするなど、ウェブサイトやアプリ内で[2]を追跡するために使用される。

A：[1]イベント　[2]行うさまざまなアクション
B：[1]エンゲージメント　[2]発生したさまざまな不具合
C：[1]エンゲージメント　[2]行うさまざまなアクション
D：[1]イベント　[2]発生したさまざまな不具合

第6問

GA4におけるユーザーのエンゲージメントを示す指標に最も含まれにくいものは次のうちどれか?　ABCDの中から1つ選びなさい。

A：コンバージョン
B：訪問者数

C：サイト全体の平均エンゲージメント時間
D：セッションあたりの平均エンゲージメント時間

正解　A：[1]イベント　[2]行うさまざまなアクション

GA4における「イベント」とは、特定のアクションや行動がウェブサイトまたはアプリ上で実行された回数を指します。これらのアクションや行動は「イベント」と呼ばれ、それらはユーザーがページを閲覧する、ボタンをクリックする、フォームを送信する、キーワード検索をするなど、ウェブサイトやアプリ内で行うさまざまなアクションを追跡するために使用されます。

正解　B：訪問者数

GA4は訪問者のエンゲージメントも測定します。これには、訪問者がウェブサイトでどれくらいの時間を過ごしているか、どれくらいのページを閲覧しているか、訪問者がウェブサイトでアクションを実行する頻度などが含まれます。ユーザーのエンゲージメントを示す指標には次のものがあります。

・セッションあたりの平均エンゲージメント時間
・サイト全体の平均エンゲージメント時間
・イベント数
・コンバージョン

第7問

Googleサーチコンソールを使うことにより見ることができる重要データとして、最も含まれにくいものは次のうちどれか？　ABCDの中から1つ選びなさい。

1回目　2回目　3回目

A：インデックス作成
B：エクスペリエンス
C：ショッピング
D：セキュリティと自動による対策

第8問

次の文中の空欄［　］に入る最も適切な語句をABCDの中から1つ選びなさい。

サーチコンソールにおける、［　］とは同一ドメイン内の異なるページ間のリンクのことである。

2回目　3回目

A：ドメイン外リンク
B：ドメイン内リンク
C：外部リンク
D：内部リンク

正解　D：セキュリティと自動による対策

GA4がサイト訪問者の行動履歴を収集して分析するツールである一方、Googleサーチコンソールは Google検索上での成績とウェブサイトの問題点を指摘してくれるツールです。Googleが日本国内の検索市場の90%近くのシェアを持つ状況の中で、SEOをするサイト運営者にとって必須のツールといってもよいほどのものです。

Googleサーチコンソール（以降、サーチコンソール）を使うことにより次の重要データを分析し、Google検索での検索順位を改善することができます。

・検索パフォーマンス
・インデックス作成
・エクスペリエンス
・ショッピング
・セキュリティと手動による対策
・リンク

正解　D：内部リンク

サーチコンソールにおける、内部リンクとは同一ドメイン内の異なるページ間のリンクのことです。たとえば、ブログ記事（http://www.ddd.com/blog/page01.html）から同じドメイン名で運営されているウェブサイトの別のページ（http://www.ddd. com/company.html）へリンクを張ることを「内部リンクを張る」といいます。

内部リンクはウェブサイト内の情報の関係性を形成し、ユーザーがサイト内を移動しやすくする役割があります。また、検索エンジンにページ間の関係やウェブサイト全体の構造を理解させることになるのでSEOに対しても有益です。

第9問

自社サイトのアクセス解析を行うのは重要だが、それだけでは不十分である。その理由をABCDの中から1つ選びなさい。

A：アクセス数が増えるとサーバーがダウンする可能性があるから
B：アクセス解析はSEOの最も重要な要素であるから
C：理想的な数値を知らずには具体的な目標が設定できないから
D：Googleアナリティクスはアクセス解析以外の機能がないから

第10問

次の文中の空欄[1]と[2]に入る最も適切な語句の組み合わせをABCDの中から1つ選びなさい。

競合調査ツールを使うことによって検索エンジンで上位表示しているサイトのアクセス状況をかなり正確に知ることができる。それによって自社サイトよりも上位表示しているサイトの[1]を知り、その数値と自社サイトの違いを比較し、上位表示しているサイトの[2]を知ることができる。

A：[1]コンバージョン率　[2]エンゲージメント率
B：[1]アクセス状況　[2]コンバージョン率との差
C：[1]エンゲージメント率　[2]コンバージョン率
D：[1]アクセス状況　[2]数値との差

正解　C：理想的な数値を知らずには具体的な目標が設定できないから

Googleアナリティクスは自社サイトのアクセス数の分析ができ、サーチコンソールはGoogleでの自社サイトの成績やSEOの改善策が見えてくる便利なツールです。自社サイトのアクセスを解析することは確かに重要なことですが、自社サイトのアクセス解析だけを繰り返すだけでは不十分です。

なぜなら自社サイトのアクセス解析は人間の体でいえば健康診断のようなものであり、何度、自分の体の健康診断をして血圧や、体重、血糖値などの数値を測ったとしても理想的な数値はどのくらいなのかを知らなければ意味がありません。理想的な数値を知ることではじめて自分の体をどのくらいまで改善すればよいのか具体的な目標が設定できるのです。

正解　D：[1]アクセス状況　[2]数値との差

競合調査ツールとは、競合他社のサイトにどのような流入キーワードでユーザーが訪問しているのか、そしてどのようなサイトやソーシャルメディアからユーザーが訪問しているか、そのデータを世界中の検索ユーザーのパソコンのデータをビッグデータとして収集している企業が提供するソフトのことです。

この競合調査ツールを使うことによって検索エンジンで上位表示しているサイトのアクセス状況をかなり正確に知ることができます。それによって自社サイトよりも上位表示しているサイトのアクセス状況を知り、その数値と自社サイトの違いを比較し、上位表示しているサイトの数値との差を知ることができます。

第11問

次の文中の空欄[　]に入る最も適切な語句をABCDの中から1つ選びなさい。

[　]は、ウェブサイトを訪問したユーザーのウェブページ内での行動を視覚化するためのソフトウェアツールである。ユーザーがクリックした部分が色彩によって表現され、通常は赤から青または緑までの範囲で示される。

A：ヒートマップツール
B：ユーザーマップツール
C：ページマッピングツール
D：クリックマップツール

正解　A：ヒートマップツール

ヒートマップツールは、ウェブサイトを訪問したユーザーのウェブページ内での行動を視覚化するためのソフトウェアツールです。ユーザーがクリックした部分が色彩によって表現され、通常は赤（高い活動度）から青または緑（低い活動度）までの範囲で示されます。

第2章

アクセス数の改善

第12問

サイトのアクセス数を増やすための改善策として、最も適切なものはどれか?　ABCDの中から1つ選びなさい。

1回目　2回目　3回目

A：サイトの流入経路を増やす
B：サイトにある広告欄の数を減らす
C：サイトのロゴデザインをリニューアルする
D：サイトにある文字数を増やす

第13問

次の文中の空欄[　]に入る最も適切な語句をABCDの中から1つ選びなさい。

GA4に表示される[　]の数値が増える理由は、さまざまなプラットフォームを通じて多くの企業や個人が企業やその商品・サービスを知ることになり、外部リンクを張って紹介してくれるようになるからである。

A：Direct
B：Referral
C：Introduction
D：Recommend

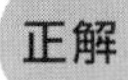

正解　A：サイトの流入経路を増やす

サイトのアクセス数が少ない原因にはさまざまなものがあります。その原因には主に次の6つがあります。

・流入経路が少ない
・各流入経路からのアクセス数が少ない
・検索エンジンからのアクセス数が少ない
・ソーシャルメディアからのアクセス数が少ない
・メールからのアクセス数が少ない
・広告からのアクセス数が少ない

正解　B：Referral

GA4に表示されるReferral（参照元）の数値が増える理由は、さまざまなプラットフォームを通じて多くの企業や個人が企業やその商品・サービスを知ることになり、外部リンクを張って紹介してくれるようになるからです。

第14問

ページがインデックスされないという悩みを解決するためにサーチコンソールが提供する機能は次のうちどれか？　ABCDの中から1つ選びなさい。

1回目　2回目　3回目

A：URL検査
B：URL審査
C：URL登録
D：URL投稿

第15問

Googleなどの検索エンジンで上位表示できない理由にはさまざまなものがあるが、それらに最も含まれないのは次のうちどれか？　ABCDの中から1つ選びなさい。

1回目　2回目　3回目

A：良質な被リンク元が不足している

B：コンテンツの品質が低い

C：E-A-A-Tが不足している

D：検索意図を満たしていない

正解　A：URL検査

ページがインデックスされないという悩みを解決するためにはサーチコンソールの通知機能を使うことが有効です。

Googleに新しいウェブページをインデックス（登録）してもらうための通知ツールは、サーチコンソールに2つ用意されています。

・URL検査
・サイトマップファイルへの追加

正解　C：E-A-A-Tが不足している

検索エンジンで上位表示されていない状態だと、検索エンジンを使うユーザーの目に触れる機会が少なくなり、サイトへの流入が少なくなり、サイト運営者が期待するアクセス数を獲得することができなくなります。

Googleなどの検索エンジンで上位表示できない理由には次のようなものがあります。

・クエリとの関連性が低い
・E-E-A-Tが不足している
・良質な被リンク元が不足している
・トラフィックが不足している
・ユーザーエンゲージメントが低い
・ノイズが多い
・検索意図を満たしていない
・コンテンツの品質が低い
・網羅性が低い

第16問

次の文中の空欄[　]に入る最も適切な語句をABCDの中から1つ選びなさい。

ウェブサイトのユーザーエンゲージメントを高めるための改善案の1つとして、[　]内の文中に積極的にサイト内にある他のページへのリンクを設置して他のページも見てもらうことを促進するというものがある。

A：ランディングページ
B：トップページ
C：プロフィールページ
D：サイトマップページ

第17問

次の文中の空欄[1]と[2]に入る最も適切な語句の組み合わせをABCDの中から1つ選びなさい。

検索ユーザーの検索意図を調べる方法はシンプルである。実際にGoogle検索したときに上位表示している[1]を[2]などを見ながら調べて、それらのページ構成に自分の目標ページの構成を近づけることである。

A：[1]サイトの構成　　[2]目次や大見出し
B：[1]ページの構成　　[2]大見出しや中見出し
C：[1]サイトの構成　　[2]タイトルタグや大見出し
D：[1]ページの構成　　[2]目次や中見出し

正解 A：ランディングページ

ウェブサイトのユーザーエンゲージメントを高めるためには次のようなコンテンツの改善やウェブデザインの改善が有効です。

・ユーザーエンゲージメントを高めるためのコンテンツ（テキスト、画像、動画）を作成し、掲載する
・ランディングページ内の文中に積極的にサイト内にある他のページへのリンクを設置して他のページも見てもらうことを促進する
・クリックしてほしいリンクの場所にはクリックを誘発するCTAを記述する
・コンバージョン率を向上させるために商品・サービスの活用方法や導入事例などのコンテンツを追加する
・ウェブページの一番下に「問い合わせ」「電話」「買い物かごに入れる」「予約する」「無料相談」のリンクを固定表示する
・ウェブページの一番下にAIや受付スタッフとチャットができるようにウェブ接客ツールを固定表示する

正解 D：[1]ページの構成　[2]目次や中見出し

「検索意図」とは検索ユーザーが検索するときにページのコンテンツとして期待するもの、つまり検索ユーザーが見たいコンテンツのことです。検索ユーザーの検索意図を調べる方法はシンプルです。実際にGoogle検索したときに上位表示しているページの構成を目次や中見出しなどを見ながら調べて、それらのページ構成に自分の目標ページの構成を近づけることです。

第18問

次の文中の空欄[　]に入る最も適切な語句をABCDの中から1つ選びなさい。

読み込みパフォーマンスは[　]と呼ばれるもので、ユーザーが1つのウェブページにアクセスしたときにそのページが表示され終わったと感じるタイミングを表す指標である。

A：LCT
B：LPA
C：LCP
D：LCA

第19問

次の文中の空欄[　]に入る最も適切な語句をABCDの中から1つ選びなさい。

視覚的安定性は[　]と呼ばれるもので、ユーザーが1つのウェブページにアクセスしたときにページ内のレイアウトのずれがどれだけ発生しているかを表す指標である。

A：CLS
B：VSI
C：CLT
D：TLS

正解 C：LCP

読み込みパフォーマンスは「Largest Contentful Pain」（LCP）と呼ばれるもので、ユーザーが1つのウェブページにアクセスしたときにそのページが表示され終わったと感じるタイミングを表す指標です。最も有意義なコンテンツというのは画像、動画、テキストなどの要素です。

この指標をGoogleが導入した理由はユーザーが1つのウェブページを見るのに待つ時間が長くなるとストレスになるからです。閲覧するのにストレスの少ないページを上位表示させることによりGoogleという1つの検索サイトのユーザー体験を高めようとするものです。

正解 A：CLS

視覚的安定性はCumulative Layout Shift（CLS）と呼ばれるもので、ユーザーが1つのウェブページにアクセスしたときにページ内のレイアウトのずれがどれだけ発生しているかを表す指標です。

この指標をGoogleが導入した理由はレイアウトのずれが頻繁に起きるページはユーザーにとって良好なユーザー体験を提供できていないため、サイト運営者に対して改善を促すためのものです。

第20問

YouTubeの動画の概要欄を利用して自社サイトのアクセスを増やす方法として正しいものはどれか？　ABCDの中から1つ選びなさい。

1回目 2回目 3回目

A：動画の概要欄には1つのリンクのみ設定可能である
B：動画の中で話題にしている商品のページにだけリンクできる
C：動画の概要欄に複数の自社リンクを張れる
D：自社サイトの流入を増やすための手段としては不適切である

第21問

自社が運営するソーシャルメディアにコンテンツを理想的な更新頻度で投稿しても、何が簡単なことではないのか？　ABCDの中から1つ選びなさい。

1回目 2回目 3回目

A：ユーザーのフォローを増やすこと
B：投稿した内容をユーザーに合わせること
C：コンテンツ内のリンクをユーザーにクリックしてもらうこと
D：ソーシャルメディアのプロフィールを更新すること

第22問

ソーシャルメディアユーザーのニーズを調べるための方法として最も適切なものはどれか？　ABCDの中から1つ選びなさい。

1回目 2回目 3回目

A：すべてのユーザーにアンケートを送信する
B：Keyword Toolなどのキーワードサジェストツールを使う
C：ソーシャルメディアの広告費を増やす

D：競合調査をしてどのようなサイトからリンクをされているかを調査する

正解　C：動画の概要欄に複数の自社リンクを張れる

SNS以外のソーシャルメディアであるYouTubeは自社サイトの流入を増やす有力なツールになります。動画の概要欄には自由にいくつでも自社サイトにリンクを張ることができます。動画の中で話題にしている無料お役立ち情報や商品・サービス販売ページへのリンクを張ることによりリンク先のサイトのアクセス増が可能になります。

正解　C：コンテンツ内のリンクをユーザーにクリックしてもらうこと

自社が運営するさまざまなソーシャルメディアにコンテンツを、理想的な更新頻度で投稿したとしても、コンテンツ内に掲載したリンクをユーザーにクリックしてもらうことは簡単なことではありません。

正解　B：Keyword Toolなどのキーワードサジェストツールを使う

ソーシャルメディアユーザーのニーズを調べるには次のような方法があります。

・Keyword Toolなどのキーワードサジェストツールを使ってユーザーが見たがっているコンテンツのテーマを調査する
・競合調査をしてどのような投稿内容がユーザーに好まれているかを調査する

第23問

サイトのアクセス数を増やす強力な手段の1つは広告を出稿することだが、効果がでないことがある。効果がでない原因として最も考えにくいものはどれか?　ABCDの中から1つ選びなさい。

A：広告の配信タイミングが不適切

B：キャッチコピーが保守的な内容である

C：広告のデザインやビジュアルが不適切

D：ターゲティングがズレている

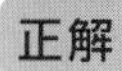

B：キャッチコピーが保守的な内容である

サイトのアクセス数を増やす強力な手段の1つは広告を出稿することです。ユーザーに訴求する広告コピーやビジュアル、魅力的なオファー内容が揃えばクリック率は高くなりサイトへのアクセス数は増加します。しかし、それができていない場合や次のような理由のためサイトへのアクセス数は増えることはありません。

・ターゲティングがズレている
・ターゲットユーザーが狭すぎる
・広告予算が少ない
・広告の配信タイミングが不適切
・キャッチコピーがターゲットユーザーに訴求していない
・広告のデザインやビジュアルが不適切
・広告メッセージが一貫性を欠いている

第3章

コンバージョン率の改善

第24問

次の文中の空欄[1]、[2]、[3]に入る最も適切な語句の組み合わせをABCDの中から1つ選びなさい。

1回目 2回目 3回目

1日に[1]のサイト訪問者が来て、その中の[2]が商品を購入したとする。その場合のコンバージョン率は[3]である。

A：[1]10人　[2]2人　[3]0.02%
B：[1]100人　[2]1人　[3]1%
C：[1]1000人　[2]1人　[3]10%
D：[1]1万人　[2]1人　[3]1%

第25問

コンバージョン率が低い原因は多数考えられるが、それらに最も当てはまりにくいものはどれか？　ABCDの中から1つ選びなさい。

A：商品・サービスの良さが伝わっていない

B：想定したペルソナ・イベントが間違っている
C：商品・サービスの価格、料金が妥当ではない

D：商品・サービスを売るのに時間がかかる

正解 B：[1]100人　[2]1人　[3]1%

「コンバージョン」(conversion)とは英語で「転換」を意味する言葉です。コンバージョン率とは、ウェブサイトを訪れたユーザーのうち、何人が商品・サービスの申し込みに至ったのか、つまり顧客に転換されたのかを表す数値のことです。そして「コンバージョン率の改善」とは、サイトを訪問したユーザーが商品・サービスを申し込む割合を高めるためにサイトを改善する取り組みのことです。

たとえば、1日に100人のサイト訪問者が来て、その中の1人が商品を購入したとします。その場合のコンバージョン率は1%です。

正解 B：想定したペルソナ・イベントが間違っている

コンバージョン率が低い原因は多数考えられますが、少なくとも次の14種類の原因があり、それらの1つあるいは、複数が原因であることがほとんどです。

・商品・サービスの良さが伝わっていない
・サイト運営者の信頼性が低い
・サイトのデザインに問題がある
・サイトが使いにくい
・注文・相談・問い合わせがしにくい
・ページの表示、動作が遅い
・エラーがある
・商品・サービスの内容に問題がある
・想定したターゲットユーザー・ペルソナが間違っている
・商品・サービスの価格、料金が妥当ではない
・商品・サービスのニーズが少ない
・商品・サービスを売るのに時間がかかる
・広告のキャッチコピーとランディングページの内容にギャップがある
・広告のクリエイティブに問題がある

第26問

地域密着型サイトの特徴として、どのような業種のサイトが該当するか? 最も正しいものをABCDの中から1つ選びなさい。

A：国際的な企業、大手旅行代理店、ハイブランドの専門店
B：クリニック、エステサロン、不動産会社
C：大手電機メーカー、航空会社、通信キャリア
D：オンライン専門の通販サイト、大手ゲーム会社、映画製作会社

第27問

ユーザーがウェブページ内で求めている情報を知るための方法として、最も正しいものをABCDの中から1つ選びなさい。

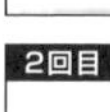

A：毎日SNSのトレンドをチェックし、ユーザーの興味を分析する
B：経験豊富な担当者が直感と経験だけを信じて、ページ構成を考える
C：Google検索で上位表示している競合サイトのページの構成を観察する
D：まったく異なる業界のウェブサイト構成をランダムに観察して参考にする

正解 B：クリニック、エステサロン、不動産会社

地域密着型サイトとは、事業拠点がある周囲のエリアから見込み客を集客するためのサイトのことをいいます。地域密着型サイトには、病院、クリニック、整体･整骨院、エステサロン、士業、スクール、学習塾、スポーツジム、不動産会社、工務店、ウェブ制作会社、飲食店、ネット通販をしていない小売業などのサイトがあります。

正解 C：Google検索で上位表示している競合サイトのページの構成を観察する

ユーザーはウェブページ内でどのような情報を見たがるのでしょうか。それを知る方法には主に次の2つがあります。

・Google検索で上位表示している競合サイトのページの構成を観察する
・業界の中で売り上げが多いと思われる競合サイトのページ構成を観察する

第28問

地域密着型ビジネスのサイトのトップページに載せるべき項目に最も含まれにくいものはどれか？　ABCDの中から1つ選びなさい。

A：社長インタビューまたはスタッフの声

B：店内・外観写真とその簡単な説明

C：アクセス情報

D：提供メニュー一覧

正解　A：社長インタビューまたはスタッフの声

Googleがコアアップデートを実施した2018年以来、調査した結果、地域密着型ビジネスのサイトのトップページに載せるべき項目は次の12個あり、それらは極力、次のような順番で載せることがGoogleでの検索順位を上げることと売り上げを高めるために一定の効果があるということがわかってきました。

・キャッチコピー
・リード文
・こんな方へ
・特徴
・提供メニュー一覧
・事例
・お客様インタビューまたはお客様の声
・サービスの流れ
・店舗の簡単な紹介または代表挨拶
・Q&A
・店内・外観写真とその簡単な説明
・アクセス情報

第29問

ウェブページに載せるキャッチコピーの内容に含めるべきことはいくつかあるが、それらに最も含まれにくいものはどれか？　ABCDの中から1つ選びなさい。

A：競合他社と差別化できるポイント

B：競合他社と差別化できる企業文化や会社の歴史

C：見込み客が苦痛から開放された先に抱く明るい気持ち、未来

D：見込み客が現在抱いている気持ち、感情に共感する姿勢

第30問

次の文中の空欄［　］に入る最も適切な語句をABCDの中から1つ選びなさい。

医療機関のサイトの場合は2018年に施行された法的な規制により、サイト上に［　］を載せることは禁じられている。

A：患者さんへのインタビューや患者さんの声

B：治療に使う医療機器や薬品の画像や動画

C：治療をした結果生じた副作用や症例写真

D：勤務する医師や看護師のインタビュー

正解　B：競合他社と差別化できる企業文化や会社の歴史

ウェブページに載せるキャッチコピーを考えるときは、サイトゴールとターゲットユーザー、ペルソナを思い出して訴求力のあるものを考案する必要があります。キャッチコピーの内容は次のようなことを表現、または暗示するようにしましょう。

・見込み客が現在抱いている気持ち、感情に共感する姿勢
・見込み客が苦痛から開放された先に抱く明るい気持ち、未来
・見込み客が実現したいことをしっかりとサポートするという強い姿勢
・見込み客が抱えている問題を解決できるという強い姿勢
・競合他社と差別化できるポイント

正解　A：患者さんへのインタビューや患者さんの声

医療機関のサイトの場合は2018年に施行された医療広告ガイドラインなどの法的な規制により、サイト上に患者さんへのインタビューや患者さんの声を載せることは禁じられています。

第31問

次の文中の空欄[1]と[2]に入る最も適切な語句の組み合わせをABCDの中から1つ選びなさい。

過去に多数の顧客からもらった質問を検証して、[1]程度のQ&Aをトップページの下のほうに掲載することが流行している。想定される質問が多数ある場合は、別に[2]を作成してそのページにリンクを張るとよい。

A：[1]3〜6つ　[2]Q&Aページ
B：[1]5〜10個　[2]Q&Aサイト
C：[1]10個〜20個　[2]Q&Aページ
D：[1]30個〜50個　[2]Q&Aサイト

第32問

単品サービス販売サイトにおいて、ユーザーが求める情報とは何か?　そのことに最も該当すると思われるものをABCDの中から1つ選びなさい。

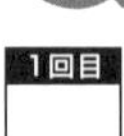

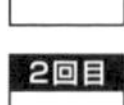

A：サイトが提供する他の関連サービスについての情報
B：異なる業界の情報やトレンド
C：そのサービスのことだけが説明されたページ
D：その業界全般に関する統計データや調査結果

正解　A：[1]3〜6つ　[2]Q&Aページ

過去に多数の顧客からもらった質問を検証して、3〜6つ程度のQ&Aをトップページの下のほうに掲載することが流行しています。最も多く寄せられた顧客からの質問に答えることにより、来店、申し込みへのハードルが下がることが期待できます。想定される質問が多数ある場合は、別にQ&Aページを作成してそのページにリンクを張りましょう。

正解　C：そのサービスのことだけが説明されたページ

単品サービス販売サイトとは、エアコンクリーニング会社、エアコン修理会社、外壁塗装会社、屋根修理会社、遺品整理会社、買取業者、占い、カウンセリング、電話代行会社などのような1つのサービスだけを販売するために作ったサイトのことです。

1つのサービスだけを提供するサイトを探しているユーザーが見たい情報は、「そのサービスのことだけ」が説明されたページです。

第33問

複数の商品を販売する商品販売サイトのトップページでは、どのようなことをするとトップページを訪れた見込み客に商品ページを見てもらい、購入してくれやすくなるのか?　最も含まれにくいものをABCDの中から1つ選びなさい。

A：カテゴリで選ぶ、用途で選ぶ、サイズで選ぶなど選び方の提案をする

B：業界団体の許認可番号を掲載して商品の信用性をアピールする

C：なるべくたくさんの商品を掲載する

D：人気商品、新着商品、おすすめ商品、お得な商品の一覧を載せる

第34問

サイト運営者の信頼性を向上させるためのページに最も該当する可能性が低いものはどれか?　ABCDの中から1つ選びなさい。

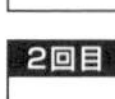

A：スタッフ紹介

B：当社の特徴・選ばれる理由

C：組織図

D：ブランドの成分一覧

正解　B：業界団体の許認可番号を掲載して商品の信用性をアピールする

複数の商品を販売する商品販売サイトのトップページでは、次のようなことをするとトップページを訪れた見込み客に商品ページを見てもらい、購入してくれやすくなります。

・なるべくたくさんの商品を掲載する
・人気商品、新着商品、おすすめ商品、お得な商品の一覧を載せる
・カテゴリで選ぶ、用途で選ぶ、サイズで選ぶなど選び方の提案をする

正解　D：ブランドの成分一覧

サイト運営者の信頼性が低いとそのサイトで販売されている商品・サービスの成約率を高めることは困難です。企業の信頼性を高めることに貢献するページには次のようなページがあります。

・会社概要・店舗情報・運営者情報
・経営理念
・沿革
・物語
・組織図
・代表ご挨拶
・スタッフ紹介
・当社の特徴・選ばれる理由
・約束、誓い
・事例紹介
・メディア実績・講演実績、寄稿実績
・受賞歴・取得認証一覧
・ブランドプロミス
・社会貢献活動
・サステナビリティ

第35問

次の文中の空欄[1]と[2]に入る最も適切な語句の組み合わせをABCDの中から1つ選びなさい。

ウェブサイトの[1]は、ユーザーの最初の印象を形成し、ブランドの[2]を伝える。

A：[1]ブランディング　[2]歴史とその背景
B：[1]インパクト　[2]伝統と品質
C：[1]システム　[2]プロフェッショナリズムと使いやすさ
D：[1]デザイン　[2]プロフェッショナリズムと品質

第36問

次の文中の空欄[1]と[2]に入る最も適切な語句の組み合わせをABCDの中から1つ選びなさい。

サイト運営者が特に注意しなくてはならないのは、ある時点までは自社の商品・サービスの内容と価格の[1]が最適であっても、その後の[2]が変化したことにより、商品・サービスの価格、料金が妥当でなくなることが多々あるということである。

A：[1]表示　[2]市場環境やシステム環境
B：[1]バランス　[2]経済環境や市場環境
C：[1]表示　[2]経営環境や市場環境
D：[1]バランス　[2]政治環境やシステム環境

正解　D：[1]デザイン　[2]プロフェッショナリズムと品質

ウェブサイトのデザインは、ユーザーの最初の印象を形成し、ブランドのプロフェッショナリズムと品質を伝えます。

正解　B：[1]バランス　[2]経済環境や市場環境

サイト運営者が特に注意しなくてはならないのは、ある時点までは自社の商品・サービスの内容と価格のバランスが最適であっても、その後の経済環境や市場環境が変化したことにより、商品・サービスの価格、料金が妥当でなくなることが多々あるということです。競争環境を把握した上で顧客視点に立って客観的に評価し、その時点で最適な価格・料金を設定するようにしましょう。

第37問

次の文中の空欄[　]に入る最も適切な語句をABCDの中から1つ選びなさい。

　ウェブサイトでの成約率が低い一因としてあるのが、一部の商品やサービスは[　]というものがある。

A：閲覧するのに資金がかかる
B：検討するのに費用がかかる
C：想像するのに時間がかかる
D：購入決定に時間がかかる

第38問

売るのに時間がかかる商品やサービスの成約率を高めるに有効だと最も考えにくいものはどれか？　ABCDの中から1つ選びなさい。

A：システム開発の強化
B：メールマーケティング
C：コンテンツマーケティング
D：リマーケティング

正解 D：購入決定に時間がかかる

ウェブサイトでの成約率が低い一因としてあるのが、一部の商品やサービスは購入決定に時間がかかるというものがあります。これは特に高額商品や複雑なサービス、情報の収集や比較を必要とする商品・サービスを販売するときに生じる問題です。

正解 A：システム開発の強化

売るのに時間がかかる商品やサービスの成約率を高めるには次のような対策が有効です。

・リマーケティング
・コンテンツマーケティング
・メールマーケティング
・カスタマーサービスの強化

第39問

次の文中の空欄[1]、[2]、[3]に入る最も適切な語句の組み合わせをABCDの中から1つ選びなさい。

1回目 2回目 3回目

[1]とは、マーケティング活動をデジタルツールを使って[2]・管理し、効果を測定するための技術を指す。この技術は、複数の[3]を介した広告キャンペーンの効率を大幅に向上させるために使用される。

A：[1]MD　[2]自動化　[3]ウェブサイト
B：[1]MA　[2]効率化　[3]ウェブサイト
C：[1]MD　[2]効率化　[3]チャネル
D：[1]MA　[2]自動化　[3]チャネル

第40問

次の文中の空欄[1]と[2]に入る最も適切な語句の組み合わせをABCDの中から1つ選びなさい。

広告の[1]と[2]の内容が一致していない場合、ユーザーの混乱を招き、その結果、コンバージョン率が低下する可能性がある。ユーザーが広告をクリックした理由は、[1]に約束された価値や情報を求めているからである。

A：[1]キャッチコピー　[2]ランディングページ
B：[1]デザイン　[2]トップページ
C：[1]雰囲気　[2]ランディングページ
D：[1]キャッチフレーズ　[2]トップページ

正解　D：[1]MA　[2]自動化　[3]チャネル

「MA」(Marketing Automation)とは、マーケティング活動をデジタルツールを使って自動化・管理し、効果を測定するための技術を指します。この技術は、複数のチャネル(電子メール、ソーシャルメディア、ウェブサイトなど)を介した広告キャンペーンの効率を大幅に向上させるために使用されます。

正解　A：[1]キャッチコピー　[2]ランディングページ

広告のキャッチコピーとランディングページ(LP)の内容が一致していない場合、ユーザーの混乱を招き、その結果、コンバージョン率が低下する可能性があります。ユーザーが広告をクリックした理由は、キャッチコピーに約束された価値や情報を求めているからです。その期待がLPで満たされないと、ユーザーは失望し、サイトをすぐに離れる可能性があります。このため、広告とLPの間にメッセージの一貫性を保つことが重要です。

第41問

「広告のクリエイティブ」に関しての説明として、正しいものをABCDの中から1つ選びなさい。

1回目 2回目 3回目

A：広告のコストや予算を示す経済的、経営的要素のこと。
B：広告の放送時間や公開範囲を示す時間的要素のこと。
C：広告の視覚的、聴覚的、文章などの表現要素のこと。
D：広告を購入するための契約条件や期間を示す要素のこと。

第42問

次の文中の空欄[1]と[2]に入る最も適切な語句の組み合わせをABCDの中から1つ選びなさい。

キャッチコピーなどの広告メッセージが[1]で、商品・サービスを購入して得られる[2]や商品・サービスのメリットが明確でない場合、ユーザーは何を期待すればよいのか理解できなくなる可能性がある。

A：[1]曖昧　　[2]ベネフィット
B：[1]稚拙　　[2]ベネフィット
C：[1]秀逸　　[2]特典やサポート
D：[1]稚拙　　[2]利便性

正解　C：広告の視覚的、聴覚的、文章などの表現要素のこと。

「広告のクリエイティブ」とは、広告を構成する視覚的、聴覚的、文章などの表現要素のことを指します。これには、テキスト、画像、ロゴ、色彩、レイアウト、音楽、映像などが含まれます。

正解　A：[1]曖昧、[2]ベネフィット

キャッチコピーなどの広告メッセージが曖昧で、商品・サービスを購入して得られるベネフィットや商品・サービスのメリットが明確でない場合、ユーザーは何を期待すればよいのか理解できなくなる可能性があります。

第4章

MEOと
オンライン評判管理

第43問

Googleでの MEOを成功させるための対策として最も有効性が低いものはどれか？　をABCDの中から1つ選びなさい。

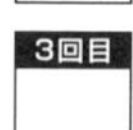

A：Googleビジネスプロフィールに口コミ情報を投稿してもらう
B：Googleビジネスプロフィールに適切な情報を入力する
C：各種SNSに投稿をしてフォロワーを増やす
D：自然検索での上位表示をする

第44問

地図検索で上位表示を目指す上で、自社のGoogleビジネスプロフィールに投稿すべきコンテンツに最も含まれにくいものはどれか？　ABCDの中から1つ選びなさい。

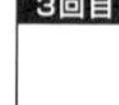

A：イベント情報
B：顧客情報
C：クーポン情報
D：商品・サービス情報

正解 C：各種SNSに投稿をしてフォロワーを増やす

　GoogleでのMEOを成功させるためには、次の対策が有効だということが知られています。

・Googleビジネスプロフィールに登録して本人確認を完了する
・Googleビジネスプロフィールに適切な情報を入力する
・Googleビジネスプロフィールにコンテンツを増やす
・自然検索での上位表示をする
・Googleビジネスプロフィールに口コミ情報を投稿してもらう
・口コミ情報に返信をする

正解 B：顧客情報

　自社のGoogleビジネスプロフィールになるべく頻繁に情報を投稿しましょう。地図検索での上位表示にプラスに働きます。投稿可能なコンテンツは次のように、年々増えています。

・記事
・写真
・商品・サービス情報
・イベント情報
・クーポン情報

第45問

次の文中の空欄[　]に入る最も適切な語句をABCDの中から1つ選びなさい。

2018年からの傾向としては、投稿された口コミにGoogleビジネスプロフィール運営者が[　]、そうでない場合に比べて地図検索で上位表示しやすくなった。

A：まれにDMを出すと
B：まれにシェアすると
C：まめにいいねを押すと
D：まめに返信をすると

第46問

次の文中の空欄[1]、[2]、[3]に入る最も適切な語句の組み合わせをABCDの中から1つ選びなさい。

[1]は[2]などの製品上に「マップ」という地図アプリを提供していますが、検索エンジンの検索結果ページには表示されない。しかし、その利用率は地図アプリのジャンルでは[3]%のシェア(口コミラボ調べ)を占めているので大きな影響力を持っている。

A：[1]Microsoft　[2]Surface、Office365　[3]91.5
B：[1]Apple　[2]iPhone、iPad、Mac　[3]43.5
C：[1]Microsoft　[2]Surface、Office365　[3]82.5
D：[1]Apple　[2]MacBook Air、iMac、AppleTV　[3]97.5

正解　D：まめに返信をすると

2018年からの傾向としては、投稿された口コミにGoogleビジネスプロフィール運営者がまめに返信をすると、そうでない場合に比べて地図検索で上位表示しやすくなりました。特に、返信のコメント欄に自社が地図検索で上位表示を目指すキーワードをしつこくない程度、含めると上位表示しやすくなりました。

正解　B：[1]Apple　[2]iPhone、iPad、Mac　[3]43.5

AppleはiPhone、iPad、Macなどの製品上に「マップ」という地図アプリを提供していますが、検索エンジンの検索結果ページには表示されません。しかし、その利用率は地図アプリのジャンルでは43.5%のシェア（口コミラボ調べ）を占めているので大きな影響力を持っています。

第47問

自社の商品・サービスについてオンラインで何が言われているかを追跡するプロセスを何と呼ぶか?　最も適切な語句をABCDの中から1つ選びなさい。

A：オブザービング
B：フィルタリング
C：モニタリング
D：ウォッチング

第48問

オンラインでの評判を改善するための具体的なアクションに最も含まれにくいものはどれか?　ABCDの中から1つ選びなさい。

A：ポジティブなフィードバックの強化
B：新しいコンテンツの作成
C：ネガティブなフィードバックへの対応
D：古いコンテンツの削除

正解　C：モニタリング

　自社の商品・サービスについてオンラインで何が言われているかを追跡するプロセスです。「モニタリング」(monitoring)とは、監視、観察、観測を意味し、対象の状態を継続または定期的に観察し、記録することを指します。

正解　D：古いコンテンツの削除

　分析の結果をもとに、オンラインでの評判を改善するための具体的なアクションプランを決めます。アクションには次のようなものがあります。

・ネガティブなフィードバックへの対応
・ポジティブなフィードバックの強化
・新しいコンテンツの作成

第49問

Googleビジネスプロフィールに関して、明らかに事実無根のレビューが投稿された場合、どのようなアクションが適切か？　最も適切なアクションをABCDの中から1つ選びなさい。

A：時間が経過すると削除が困難になるので直ちにGoogleにレビューの削除を要求する。

B：「禁止および制限されているコンテンツ」を確認して禁止事項であれば申告する。

C：レビューを無視し、何も対応しない。

D：自社のウェブサイトにてそのレビューの誤りを公表する。

第50問

Googleビジネスプロフィール上でのネガティブな投稿を減少させるための最も本質的な方法は次のうちどれか？　ABCDの中から1つ選びなさい。

A：投稿の削除を頻繁に要求して、削除がされない場合は訴訟を起こす。

B：ネガティブな投稿は一定数あるのが普通なので気にしないでビジネスを続ける。

C：ネガティブな投稿をした顧客を特定して賠償金を請求する。

D：商品やサービスの欠陥を修正し、腹が立たないサービスレベルで提供する。

正解　B：「禁止および制限されているコンテンツ」を確認して禁止事項であれば申告する。

Googleビジネスプロフィールに明らかに顧客ではない人が投稿したレビューや、事実無根で、かつ自社の評判に深刻な影響を与えるようなレビューは「禁止および制限されているコンテンツ」（https://support.google.com/local-guides/answer /7400114?hl=ja）を確認して、それがGoogleによって禁止された内容である場合に限りGoogleに申告すれば削除してもらうことができます。

正解　D：商品やサービスの欠陥を修正し、腹が立たないサービスレベルで提供する。

Googleビジネスプロフィール上でのネガティブな投稿を減らす、またはなくすには、顧客が腹が立たない商品・サービスを腹が立たないサービスレベルで提供することです。それを実現するには、欠陥のない商品・サービスを提供できるのかを考え、その考えを実行して改善の努力をすることです。

第51問

次の文中の空欄[1]と[2]に入る最も適切な語句の組み合わせをABCDの中から1つ選びなさい。

1回目 2回目 3回目

現在、多くの企業がGoogleの口コミ投稿サービスの影響に[1]と対応への負担を感じている。しかし、見方を変えればこれは企業に顧客からのダイレクトな[2]を提供する貴重な情報源だと捉えることも可能である。

A：[1]戸惑い　[2]フィードバック
B：[1]驚き　[2]ソリューション
C：[1]迷い　[2]エンゲージメント
D：[1]怒り　[2]ソリューション

第52問

YouTube動画のコメントの投稿を増やすには良質な動画を作ってユーザーに満足してもらう必要がある。それ以外にできることに最も該当しないものをABCDの中から1つ選びなさい。

1回目 2回目 3回目

A：インタラクティブな企画の動画を投稿する
B：一定の謝礼を払ってコメントを投稿してもらう
C：動画のどこかで話者がコメントを投稿してほしいということを伝える
D：自分で最初のコメントを投稿する

正解　A：[1]戸惑い　[2]フィードバック

現在、多くの企業がGoogleの口コミ投稿サービスの影響に戸惑いと対応への負担を感じています。しかし、見方を変えればこれは企業に顧客からのダイレクトなフィードバックを提供する貴重な情報源だと捉えることも可能です。

正解　B：一定の謝礼を払ってコメントを投稿してもらう

YouTube動画のコメントの投稿を増やすには良質な動画を作ってユーザーに満足してもらう以外には次のような対策があります。

・自分で最初のコメントを投稿する
・動画のどこかで話者がコメントを投稿してほしいということを伝える
・インタラクティブな企画の動画を投稿する
・SNSのフォロワーに動画を告知する

第53問

主要なSNSであるFacebook、Instagramなどでのオンライン評判管理に留意すべきことに最も該当しにくいものをABCDの中から1つ選びなさい。

1回目

2回目

3回目

A：秘密情報の確保
B：モニタリング
C：迅速な対応
D：ネガティブな投稿への適切な対応

正解　A：秘密情報の確保

SNSも特にオンライン評判管理が重要な領域です。SNS上ではユーザーが自由に意見を表現し、その情報が瞬時に広まるため、適切な管理が必要です。主要なSNSであるTwitter、Facebook、Instagramなどでのオンライン評判管理には次の点に留意すべきです。

・定期的な投稿
・モニタリング
・迅速な対応
・透明性の確保
・ネガティブな投稿への適切な対応

第5章

コンプライアンス

第54問

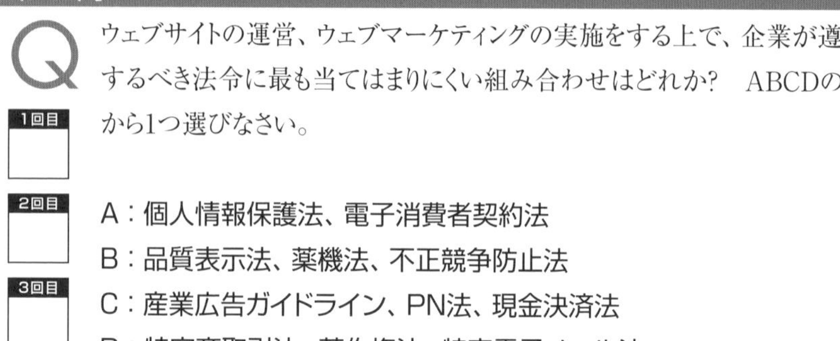

Q

ウェブサイトの運営、ウェブマーケティングの実施をする上で、企業が遵守するべき法令に最も当てはまりにくい組み合わせはどれか?　ABCDの中から1つ選びなさい。

1回目　2回目　3回目

A：個人情報保護法、電子消費者契約法

B：品質表示法、薬機法、不正競争防止法

C：産業広告ガイドライン、PN法、現金決済法

D：特定商取引法、著作権法、特定電子メール法

第55問

Q

次の文中の空欄[1]と[2]に入る最も適切な語句の組み合わせをABCDの中から1つ選びなさい。

1回目　2回目　3回目

日本の[1]は、事前に通知または公表した[2]の範囲内でのみ使用できる。

A：[1]個人情報保護法　[2]利用目的

B：[1]特定情報保護法　[2]営利目的

C：[1]企業情報保護法　[2]競争目的

D：[1]個人情報保護法　[2]保持目的

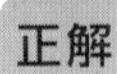

C：産業広告ガイドライン、PN法、現金決済法

企業の存続と発展に不可欠な取り組みがあります。それは「コンプライアンス」（=法令遵守）です。この重要性を軽視すると、どんなにウェブサイトの運営が成功していたとしても一瞬ですべてを失うことになります。

ウェブサイトの運営、ウェブマーケティングの実施をする上で、企業が遵守するべき法令には次のようなものがあります。

・個人情報保護法
・特定電子メール法
・不正競争防止法
・品質表示法
・電子消費者契約法
・薬機法
・特定商取引法
・著作権法
・景品表示法
・PL法
・資金決済法
・医療広告ガイドライン

正解　A：[1]個人情報保護法　[2]利用目的

日本の個人情報保護法は、事前に通知または公表した利用目的の範囲内でのみ使用できます。目的外利用は原則禁止されています。

第56問

商品・サービスをオンラインで販売する場合、特定商取引法に基づく表記をサイト上に記載する義務がある。特定商取引法に基づく表記によってサイト内で表示する義務が無いものをABCDの中から1つ選びなさい。

A：支払い方法と時期
B：返品条件
C：主要取引先の一覧
D：商品の内容

第57問

次の文中の空欄[1]と[2]に入る最も適切な語句の組み合わせをABCDの中から1つ選びなさい。

著作権法は、[1]がその作品に対して持つ権利を保護するものであり、具体的には、作品を[2]したり、公衆に公開したりする権利がある。

A：[1]創作物の作者　[2]複製
B：[1]販売物の所有者　[2]創作
C：[1]創作物の所有者　[2]転売
D：[1]販売物の権利者　[2]販売

正解　C：主要取引先の一覧

商品・サービスをオンラインで販売する場合、特定商取引法に基づく表記をサイト上に記載する義務があります。販売価格、送料、返品条件など、消費者に対する重要な情報を明示する必要があります。特定商取引法は、消費者保護を目的とし、事業者が販売者として行う商取引全般に適用されます。特に、ウェブサイトで商品・サービスを販売する際には、次の表示義務があります。

・販売価格
・送料
・返品条件
・商品の内容
・事業者の特定
・支払い方法と時期

正解　A：[1]創作物の作者　[2]複製

ウェブサイト上で他人の著作物を使用する場合、その利用が著作権法に抵触しないように注意が必要です。無断で他人の著作物を使用すると、著作権侵害となり、法律違反になります。

著作権法は、創作物の作者がその作品に対して持つ権利を保護するものです。具体的には、作品を複製したり、公衆に公開したりする権利があります。これらの権利は、他人がそれらの行為を行う場合、原則として作者の許諾が必要です。

第58問

次の文中の空欄[1]と[2]に入る最も適切な語句の組み合わせをABCDの中から1つ選びなさい。

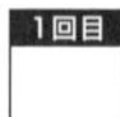

[1]は、消費者がフェアな選択をするのを妨げる可能性のある[2]広告や表示を制限し、禁止するための法律です。

A：[1]景品表示法　[2]不公平な
B：[1]不当表示法　[2]不公正な
C：[1]景品表示法　[2]効果がありすぎる
D：[1]不当表示法　[2]即効性のある

第59問

次の文中の空欄[　]に入る最も適切な語句をABCDの中から1つ選びなさい。

[　]とは商品・サービスが実際よりも優れているかのように誤解を招く表示を意味する。

A：有利錯誤表示
B：優良誤認表示
C：優秀誤認表示
D：有利誤認表示

正解 A：[1]景品表示法　[2]不公平な

景品表示法は、消費者がフェアな選択をするのを妨げる可能性のある不公平な広告や表示を制限し、禁止するための法律です。

正解 B：優良誤認表示

景品表示法における優良誤認表示とは商品・サービスが実際よりも優れているかのように誤解を招く表示を指します。たとえば、「運動や食事制限は一切なしで、簡単に3キロ痩せる」や、「一週間飲み続けると誰でも身長が5センチ伸びる」など、科学的な証拠がないのに大きな効果があるかのように表現すると、これに該当する可能性があります。

第60問

次の文中の空欄[1]と[2]に入る最も適切な語句の組み合わせをABCDの中から1つ選びなさい。

[1]上で商品・サービスを消費者向けに販売する場合、消費者契約法や電子消費者契約法を遵守しなければならない。[1]を通じた契約については、[2]が契約内容について十分な理解を持つための情報提供が求められる。

A：[1]ウェブサイト　[2]消費者
B：[1]SNS　[2]ユーザー
C：[1]ウェブサイト　[2]権利者
D：[1]SNS　[2]消費者

第61問

ウェブサイト運営やウェブマーケティングにおいて資金決済法を遵守する上で注意すべき点に最も該当しにくいものはどれか?　ABCDの中から1つ選びなさい。

A：登録制度
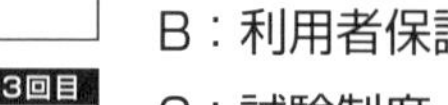
B：利用者保護
C：試験制度
D：情報提供

正解 A：[1]ウェブサイト　[2]消費者

ウェブサイト上で商品・サービスを消費者向けに販売する場合、消費者契約法や電子消費者契約法を遵守しなければなりません。ウェブサイトを通じた契約については、消費者が契約内容について十分な理解を持つための情報提供が求められます。

正解 C：試験制度

資金決済法は正式には「資金決済に関する法律」と呼ばれるもので、電子マネーや決済サービスに関する規制を定めた法律です。電子マネーや決済サービスが急速に普及し、それらが金融サービスと深く結びついている現在、これらのサービスを提供する事業者の行為を適切に規制し、保護することが重要になっています。

ウェブサイト運営やウェブマーケティングにおいては、特に次の点に注意する必要があります。

・登録制度

・情報提供

・利用者保護

第62問

ウェブサイトでサプリメントを販売する際の薬機法上の主な注意点に最も該当するものはどれか？　ABCDの中から1つ選びなさい。

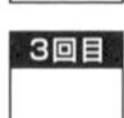

A：製造場所の住所表示
B：価格と送料の表示
C：効能・効果の表示
D：輸出における注意

第63問

医療広告ガイドラインの主なポイントに最も該当しにくいものはどれか？ABCDの中から1つ選びなさい。

A：適切な表現
B：比較広告

C：集客方法の開示
D：公正な広告

正解　C：効能・効果の表示

日本におけるサプリメントの販売は、薬機法（医薬品、医療機器などの品質、有効性および安全性の確保などに関する法律）の規制対象となります。ウェブサイトでサプリメントを販売する際の主な注意点には次のようなものがあります。

・効能・効果の表示
・安全性の確認
・品質管理
・輸入における注意

正解　C：集客方法の開示

厚生労働省が公表した「医療広告ガイドライン」は、医療機関などが公平な競争を行い、消費者が適切な情報をもとに自己の健康に対する適切な判断を行うためのルールを定めています。医療広告ガイドラインの主なポイントには次のようなものがあります。

・公正な広告
・適切な表現
・治療成果の開示
・比較広告

第64問

適切なコンプライアンス体制を構築することで信頼性の向上と法的リスクの軽減につながる。法律は時とともに変化するので、最新の情報を把握し、適切に対応することが求められる。そのために日ごろから取り組む必要があるものに最も該当しにくいものはどれか？　ABCDの中から1つ選びなさい。

A：コンプライアンスチェック

B：外部の法令遵守体制の整備

C：法律に対する理解と学習

D：問題が発覚した場合の対応策

正解　B：外部の法令遵守体制の整備

　適切なコンプライアンス体制を構築することで信頼性の向上と法的リスクの軽減につながります。また、これらに関連する情報を随時チェックし、更新することも大切です。法律は時とともに変化するので、最新の情報を把握し、適切に対応することが求められます。具体的には次のようなことに日ごろから取り組む必要があります。

・法律に対する理解と学習
・内部の法令遵守体制の整備
・コンプライアンスチェック
・問題が発覚した場合の対応策

第6章

契約とリスク管理

第65問

Q

企業がレンタルサーバー会社を利用する上でレンタルサーバー会社が提示するガイドラインと契約事項において注意すべきポイントに最も含まれにくいものはどれか？　ABCDの中から1つ選びなさい。

1回目

2回目

3回目

A：セキュリティ

B：社員の雇用体系

C：サポート

D：データセンターの場所

第66問

Q

AWSなどのクラウドサービスにおける「共有セキュリティモデル」において、ユーザー企業自身が責任を持つセキュリティの範囲はどれか？　ABCDの中から1つ選びなさい。

1回目

2回目

3回目

A：インフラストラクチャーのセキュリティ全体

B：クラウドサービスのセキュリティ全体

C：クラウド上で稼働するアプリケーションのセキュリティ

D：クラウドサービスとアプリケーションの両方のセキュリティ

正解　B：社員の雇用体系

企業がレンタルサーバー会社を利用するときには契約前に、レンタルサーバー会社が提示するガイドラインを読み、自社のビジネスニーズに合ったレンタルサーバー会社を選ぶ必要があります。それを怠ると別のレンタルサーバー会社を再度探してデータを引っ越すという手間が生まれて早期でのウェブサイトの開設ができなくなります。

企業がレンタルサーバー会社を利用する上でレンタルサーバー会社が提示するガイドラインと契約事項において注意すべきポイントとしては次のようなものがあります。

・契約内容
・パフォーマンス
・セキュリティ
・料金体系
・データセンターの場所
・サポート

正解　C：クラウド上で稼働するアプリケーションのセキュリティ

AWSなどのクラウドサービスは「共有セキュリティモデル」を採用しています。これは、クラウドサービスがインフラストラクチャーのセキュリティを担当し、ユーザー自身がクラウド上で稼働するアプリケーションのセキュリティを担当する、というモデルです。したがって、自身のデータとアプリケーションのセキュリティ対策はユーザー企業自身がしっかりと行う必要があります。

第67問

クラウドサービスの技術サポートに関して、利用者が事前に行うべきことは何か？　ABCDの中から1つ選びなさい。

A：必要なサポートレベルを把握し、適切なサポートプランを選択する

B：クラウド管理のサポートレベルの詳細内容を確認する

C：提供されている技術サポートの利用時間を確認する

D：クラウドサービス提供会社のサポートスタッフの資格を確認する

第68問

ウェブサイト制作を制作会社に発注する際の注意事項に最も含まれにくいものはどれか？　ABCDの中から1つ選びなさい。

A：保守・サポート

B：知的財産権

C：仕様の明確化

D：発注業務とペナルティ

正解　A：必要なサポートレベルを把握し、適切なサポートプランを選択する

クラウドサービスも技術サポートを提供していますが、プランによっては追加料金が発生する場合もあります。そのため、必要なサポートレベルを事前に把握し、適切なサポートプランを選択することが重要です。

正解　D：発注業務とペナルティ

ウェブ制作を外注する際にはさまざまなトラブルが発生することがあります。そのためウェブサイト制作を制作会社に発注する際にはさまざまな注意事項があります。

・仕様の明確化
・納期とペナルティ
・品質保証
・支払い条件
・知的財産権
・データ保護
・保守・サポート

第69問

ソフトウェアやデータベースソフトのバージョンアップを継続的に実施しない場合、どのようなリスクが生じる可能性があるか? ABCDの中から1つ選びなさい。

A：新しい機能が追加されるリスク
B：システムのコストが増加するリスク
C：ハッキングのリスクや他プログラムとの互換性の喪失
D：システムが自動的に最新版にアップデートされるリスク

第70問

次の文中の空欄[ ]に入る最も適切な語句をABCDの中から1つ選びなさい。

開発業者が発注者の事業の重要な情報にアクセスする場合、[ ]を締結することが重要である。これにより企業秘密の予期せぬ漏洩を防止することが可能になる。

A：NDA
B：NCD
C：NDC
D：NCA

正解　C：ハッキングのリスクや他プログラムとの互換性の喪失

　どのようなプログラムもそのままずっと使うことはできません。PHPやJavaというソフトウェアやMySQLなどのデータベースソフトそのもののバージョンアップが定期的に実施されるからです。セキュリティ上の問題を解決するためや機能の充実を目指すためのバージョンアップは継続的にする必要があります。このことを怠ると外部からのハッキングや、他のプログラムとの互換性が損なわれることにより、システムの稼働に支障をきたすリスクが生じます。

正解　A：NDA

　開発業者が発注者の事業の重要な情報にアクセスする場合、機密保持契約（NDA）を締結することが重要です。これにより企業秘密の予期せぬ漏洩を防止することが可能になります。

第71問

次の文中の空欄[　]に入る最も適切な語句をABCDの中から1つ選びなさい。

[　]契約はASPが提供するサービス品質を定義する重要な部分である。システムの稼働時間、パフォーマンスレベル、故障時の対応時間などを具体的に定義するものである。サービスレベル契約は具体的で明確であるべきで、ペナルティ条項も設けることが一般的である。

A：サービスレベル
B：オペレーショナル
C：リレーショナル
D：システムレベル

第72問

メール配信サービスの性能を評価する際、最も重視される指標は何か?
最も適切な語句をABCDの中から1つ選びなさい。

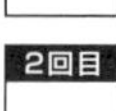

A：メールのデザイン
B：メールの送信速度
C：メール到達率
D：メールの容量

正解　A：サービスレベル

サービスレベル契約(Service Level Agreement：SLA)はASPが提供するサービス品質を定義する重要な部分です。システムの稼働時間、パフォーマンスレベル、故障時の対応時間などを具体的に定義します。サービスレベル契約は具体的で明確であるべきで、ペナルティ条項も設けることが一般的です。

正解　C：メール到達率

メール配信サービスの性能で最も重要なのは、すべての配信先にしっかりとメールが届くかというメール到達率です。近年、スパムメールが爆発的に増加しているため送信処理をしても、プロバイダーや無料メールサービス会社が自動的にスパムメールだと判断してユーザーにメールが届かなくなることが多発しているのでこのことは深刻な問題です。

第73問

次の文中の空欄[1]と[2]に入る最も適切な語句の組み合わせをABCDの中から1つ選びなさい。

メール配信サービス会社はしばしば[1]を使用してメールを送信する。他のサービス利用者が[2]を行うとメール配信サービス会社自体の評判が低下する。

A：[1]共同IP　[2]削除行為
B：[1]共生IP　[2]越権行為
C：[1]共存IP　[2]危険行為
D：[1]共有IP　[2]スパム行為

第74問

CMSのライセンス条項にはどのような内容が含まれているか?　ABCDの中から1つ選びなさい。

A：CMSの初心者用のインストール手順
B：CMSの使用・改変・配布の権利と制限

C：CMSの最新の機能一覧とプログラマーの氏名
D：CMSの最低保証価格のリストと注意事項

正解　D：[1]共有IP　[2]スパム行為

メール配信サービス会社はしばしば共有IPを使用してメールを送信します。他のサービス利用者がスパム行為を行うとメール配信サービス会社自体の評判が低下します。そしてそれが自社のメールの到達率に影響を及ぼすことがあります。メール配信サービス会社がこの問題を回避するために具体的にどのように評判管理を日ごろから行っているかを確認しましょう。

正解　B：CMSの使用・改変・配布の権利と制限

CMSのライセンス条項には、CMSの使用方法についての法的な注意点が書かれています。これはMovable Typeなどの有料のCMSだけでなく、WordPressなどのオープンソースのCMSにも適用されます。ライセンス条項には、製品の使用、複製、改変、配布などに関する権利と制限などが含まれます。

第75問

CMSのプラグインを導入する際に、最もリスクが高まる要因は何か?
ABCDの中から1つ選びなさい。

1回目 2回目 3回目

A：プラグインのダウンロード速度
B：プラグインの人気度や評価
C：プラグインのセキュリティ脆弱性
D：プラグインのブランド認知度

第76問

次の文中の空欄[　]に入る最も適切な語句をABCDの中から1つ選びなさい。

企業がソーシャルメディアを利用する際には、それぞれのソーシャルメディアプラットフォームの[　]を理解し、それに従うことが必要である。それはプラットフォームごとに異なるため、各プラットフォームの[　]を確認することが重要である。

A：利用規約
B：利用状況
C：企業の株価推移
D：システム詳細

正解　C：プラグインのセキュリティ脆弱性

CMSで使用するプラグインはしばしば攻撃者に利用されることがあり、CMS全体に重大なセキュリティ上の問題を与えることがあります。開発者がセキュリティに重点を置いているか、またセキュリティ問題が発生した際の対応策を確認しましょう。

正解　A：利用規約

企業がソーシャルメディアを利用する際には、それぞれのソーシャルメディアプラットフォームの利用規約を理解し、それに従うことが必要です。これには、各プラットフォームの基本的なルール、禁止行為、著作権、商標権、プライバシー、データ管理などが含まれます。規約はプラットフォームごとに異なるため、各プラットフォームの利用規約を確認することが重要です。

第77問

次の文中の空欄[1]と[2]に入る最も適切な語句の組み合わせをABCDの中から1つ選びなさい。

1回目　2回目　3回目

Googleビジネスプロフィールの利用規約は、ビジネス情報の[1]、ユーザーとの[2]、レビューの管理などについて明確なガイドラインを提供している。これらの規約を遵守しないと、企業の掲載が削除されることがある。

A：[1]社会性　[2]過去の取引関係
B：[1]正確性　[2]相性
C：[1]社会性　[2]相互依存
D：[1]正確性　[2]コミュニケーション

第78問

ユーザーが自ら行動し、意思表示を行うことで、製品やサービスに関する情報を受け取ったり、個人情報を第三者へ提供したりすること、検索結果に表示されることを拒否することを何と呼ぶか？　最も適切な語句をABCDの中から1つ選びなさい。

1回目　2回目　3回目

A：opt out
B：opt in
C：opt check
D：opt through

正解　D：[1]正確性　[2]コミュニケーション

Googleビジネスプロフィールの利用規約は、ビジネス情報の正確性、ユーザーとのコミュニケーション、レビューの管理などについて明確なガイドラインを提供しています。これらの規約を遵守しないと、企業の掲載が削除されることがあります。

正解　A：opt out

「オプトアウト」（opt out）とは、ユーザーが自ら行動し、意思表示を行うことで、製品やサービスに関する情報を受け取ったり、個人情報を第三者へ提供したりすること、検索結果に表示されることを拒否することをいいます。

第79問

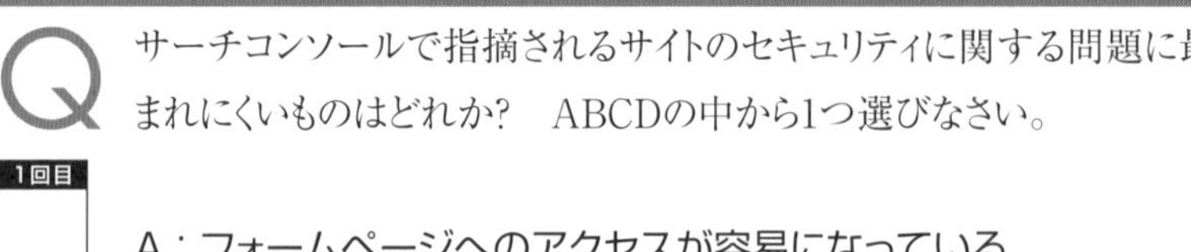

Q サーチコンソールで指摘されるサイトのセキュリティに関する問題に最も含まれにくいものはどれか？　ABCDの中から1つ選びなさい。

1回目　2回目　3回目

A：フォームページへのアクセスが容易になっている

B：不必要に多くのファイルを公開している

C：古いバージョンのソフトウェアを使用している

D：脆弱なソースコードを使用している

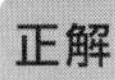

A：フォームページへのアクセスが容易になっている

　サーチコンソールで指摘されるサイトのセキュリティに関する問題には、次のようなものがあります。

・脆弱なプラグインやテーマを使用している
・古いバージョンのソフトウェアを使用している
・セキュリティパッチ（OSやアプリケーションの脆弱性を解消するための修正プログラム）が適用されていない
・不正なアクセスを許可する設定になっている
・脆弱なパスワードを使用している
・ファイアウォール（外部のネットワークからの攻撃や不正なアクセスから防御するためのソフトウェアやハードウェア）や不正侵入防止システム（Intrusion Prevention System:IPS）が有効になっていない
・データベースが保護されていない
・ログインページへのアクセスが容易になっている
・不必要に多くのファイルを公開している
・脆弱なソースコードを使用している

第80問

Q

1回目

2回目

3回目

ウェブサイトの引っ越しは慎重に行うべき作業である。深刻な引っ越しが起こす問題を避けるための注意事項に最も含まれにくいものはどれか? ABCDの中から1つ選びなさい。

A：データのバックアップ

B：データベースの再設定

C：ウェブサイトの機能とパフォーマンスのテスト

D：ドメインネームの再購入

正解 D：ドメインネームの再購入

ウェブサイトの引っ越しは慎重に行うべき作業です。少しでも問題が生じるとサイトが見れなくなることや、システムが動かなくなりユーザーが企業のサービスを利用できなくなるからです。そうした深刻な引っ越しが起こす問題を避けるためには次のような注意事項があります。

・ダウンタイムの最小化
・データのバックアップ
・セキュリティ
・サーバーサイドプログラムの再設定
・WordPressなどのCMSの再設定
・データベースの再設定
・ネームサーバー（DNSサーバー）の更新
・ウェブサイトの機能とパフォーマンスのテスト
・SEOへの影響
・メールアドレスの再設定

外注管理とウェブチーム管理

第81問

日本国内のウェブ制作会社はどのような役割を持つといえるか？　ABCDの中から1つ選びなさい。

1回目　2回目　3回目

A：主に広告デザインとそれに連動するウェブサイトの制作
B：ウェブサイトのプランニング、デザイン、サーバー設定
C：SEO、SNS運用、ウェブ制作に限定した専門店的な役割
D：ウェブサイトに関連する業務全般の代理店的な役割

第82問

次の文中の空欄[1]、[2]、[3]に入る最も適切な語句の組み合わせをABCDの中から1つ選びなさい。

[1]型制作請負は、クライアントの事務所に[1]し、直接制作業務を行う形式である。日々のコミュニケーションが密で、要望を直接伝えやすいのが特徴で非常に便利だが、[2]に比べると費用が高くなることが[3]である。

A：[1]所属　[2]間接雇用　[3]メリット
B：[1]常駐　[2]直接雇用　[3]デメリット
C：[1]依存　[2]一時雇用　[3]メリット
D：[1]所在　[2]永久雇用　[3]デメリット

正解　D：ウェブサイトに関連する業務全般の代理店的な役割

日本国内のウェブ制作会社はウェブサイト制作が主な業務で、デザインからコーディング、SEO、SNS運用、広告運用など、ウェブサイトに関連するさまざまな業務を一手に引き受けるウェブエージェンシー（ウェブ代理店）的な役割を担います。

正解　B：[1]常駐　[2]直接雇用　[3]デメリット

常駐型制作請負は、クライアントの事務所に常駐し、直接制作業務を行う形式です。日々のコミュニケーションが密で、要望を直接伝えやすいのが特徴です。非常に便利ですが、直接雇用に比べると費用が高くなることがデメリットです。

第83問

顧客が、企業と接するウェブサイト、メール、電話、SNS、実店舗あらゆるチャネルにおいて、一貫した顧客体験を提供することで、顧客の満足度を高め、売り上げを向上させるマーケティング手法を何と呼ぶか？　最も適切な語句をABCDの中から1つ選びなさい。

A：オールチャネルマーケティング
B：スーパーチャネルマーケティング
C：マルチチャネルマーケティング
D：オムニチャネルマーケティング

第84問

ウェブサイトの制作やウェブマーケティングを外注することのメリットに最も含まれにくいものはどれか？　ABCDの中から1つ選びなさい。

A：専門家の専門知識を利用できる
B：ブランドを強化できる
C：時間が節約できる
D：コスト効率が良い

正解　D：オムニチャネルマーケティング

「オムニチャネルマーケティング」(omnichannel marketing)とは、顧客が、企業と接するウェブサイト、メール、電話、SNS、実店舗あらゆるチャネルにおいて、一貫した顧客体験を提供することで、顧客の満足度を高め、売り上げを向上させるマーケティング手法を指します。

正解　B：ブランドを強化できる

ウェブサイトの制作やウェブマーケティングを外注することのメリットは次の通りです。

・専門家の専門知識を利用できる
・時間が節約できる
・コスト効率が良い
・外部の視点を活用できる

第85問

ウェブサイト制作やウェブマーケティングを内製する場合のメリットに最も含まれにくいものはどれか？　ABCDの中から1つ選びなさい。

A：セキュリティが保たれる

B：短期的な経費削減ができる

C：ブランド特性を把握できる

D：社内に知識が蓄積される

第86問

ウェブサイト制作やウェブマーケティングを内製する場合のデメリットに最も含まれにくいものはどれか？　ABCDの中から1つ選びなさい。

A：最終的にコストが高くなる

B：最新の技術に対応するのが困難になる

C：継続的なトレーニングと開発力の向上が求められる

D：視点が制限される

正解　B：短期的な経費削減ができる

　ウェブサイト制作やウェブマーケティングを内製する場合のメリットには次のようなものがあります。

・完全なコントロールが可能になる
・ブランド特性を把握できる
・速度と柔軟性が得られる
・長期的なコスト削減ができる
・セキュリティが保たれる
・社内に知識が蓄積される

正解　A：最終的にコストが高くなる

　ウェブサイト制作やウェブマーケティングを内製する場合のデメリットは次のようなものがあります。

・初期コストが高くなる
・時間とリソースがかかる
・視点が制限される
・継続的なトレーニングと開発力の向上が求められる
・最新の技術に対応するのが困難になる

第87問

ウェブが誕生した初期に企業がウェブサイト制作に取った主な手法は何か?　ABCDの中から1つ選びなさい。

1回目　2回目　3回目

A：主に外注

B：外注と内製のハイブリッド

C：完全な内製

D：専門のウェブサイト制作チームを雇用

第88問

間違った外注先と契約する際の潜在的な影響に該当するものはどれか?
ABCDの中から1つ選びなさい。

A：外注先は納期を守るものなので、納期に遅れが生じることはない。

B：ほとんどの外注先は優れているので発注担当者の社内での評価が上がる。

C：情報や言葉だけを信じると、不適切な外注先に発注するリスクがある。

D：外注による経済的損害はめったに起きることは無いので考慮する必要がない。

正解 A：主に外注

ウェブが誕生した初期には、ウェブサイト制作に詳しいスタッフがほとんどいない企業が多かったため、ウェブサイト制作の外注が一般的でした。しかし、2017年の調査結果によると、現在ではウェブサイト制作を内製と外注の両方で行っている企業が63.9%以上となっており、企業が内製に移行している傾向が見られます。

正解 C：情報や言葉だけを信じると、不適切な外注先に発注するリスクがある。

間違った外注先と契約すると、何度も作業のやり直しが発生し事前に設定した納期に間に合わなくなります。それにより発注企業は大きな経済的な損害、機会損失を被ることになります。同時に発注担当者は社内での評価が低下することがあるだけでなく、発注業務に対して自信を失いつらい思いをすることになります。

そのため、外注先の選定には慎重になる必要があります。外注先企業が発信する情報や言葉だけを信じるだけでは自社に適していない企業に発注するリスクがあります。

第89問

外注先の選定について、正しいものはどれか？　ABCDの中から1つ選びなさい。

1回目　2回目　3回目

A：ベテランの担当者は外注先の選定ミスをしない。

B：外注先の選定は容易で迅速に行うことができる。

C：事前に注意を払っても外注の選定ミスは起こりえる。

D：経営者は常に正確な外注先の選定を行うことができる。

第90問

外注管理スキルに最も含まれにくいものはどれか？　ABCDの中から1つ選びなさい。

1回目　2回目　3回目

A：資本金の準備

B：認識のすり合わせ

C：ディレクション

D：プロジェクト管理

正解　C：事前に注意を払っても外注の選定ミスは起こりえる。

どんなに事前に注意を払っても、自社に適していない企業や個人に外注をしてしまい後悔することがあります。長年発注をしてきたベテランの担当者や経営者でも外注先の選定ミスをすることが多々あります。それだけ外注先の選定は簡単なことではありません。

正解　A：資本金の準備

外注管理スキルについては次のような重要ポイントがあります。

・認識のすり合わせ
・素材の準備
・ディレクション
・日ごろのコミュニケーション
・プロジェクト管理
・予算の管理

第91問

Q 制作会社との関係性において、外注先への態度として適切なものはどれか？　ABCDの中から1つ選びなさい。

1回目 2回目 3回目

A：常に自社の意見だけを押し通し自社の利益を追求する
B：外注先を単なるビジネスパートナーとして扱う
C：相手の人格を尊重し、良好な人間関係を築き上げる
D：進捗確認はせず、外注先の誠意を信じることに徹する

第92問

次の文中の空欄[1]、[2]、[3]に入る最も適切な語句の組み合わせをABCDの中から1つ選びなさい。

全体のスケジュール管理や各タスクの進捗管理など、プロジェクト全体を効率的に運営するためのスキルが必要である。これにより[1]、品質を確保することができるようになる。具体的には[2]などのプロジェクト管理ツールを使うことや、メールだけでなく、日ごろの連絡はChatworkやSlackなどの[3]の利用が推奨される。

A：[1]納期を遵守し　[2]Word
[3]ビデオチャットツール
B：[1]利益率を高め　[2]フローチャート
[3]高性能チャットツール
C：[1]納期を遵守し　[2]ガントチャート
[3]ビジネスチャットツール
D：[1]利益率を高め　[2]Excel
[3]高性能チャットツール

正解　C：相手の人格を尊重し、良好な人間関係を築き上げる

制作会社との定期的な進捗確認や問題解決のためのコミュニケーションは必須です。これにより、プロジェクトが予定通り進行しているかを確認し、必要な調整を行うことができます。また、外注先への態度はわがままなクライアントがだだをこねるというのではなく、1人の社会人として相手の人格を尊重して良好な人間関係を築き上げるという姿勢が必要です。そうすることにより将来自分の側で何かミスをしてもカバーしてくれることもあります。

正解　C：[1]納期を遵守し　[2]ガントチャート
[3]ビジネスチャットツール

全体のスケジュール管理や各タスクの進捗管理など、プロジェクト全体を効率的に運営するためのスキルが必要です。これにより、納期を遵守し、品質を確保することができます。具体的にはガントチャートなどのプロジェクト管理ツールを使うことや、メールだけでなく、日ごろの連絡はChatworkやSlackなどのビジネスチャットツールの利用が推奨されます。

第93問

Q 次の文中の空欄[1]と[2]に入る最も適切な語句の組み合わせをABCDの中から1つ選びなさい。

1回目 2回目 3回目

プロジェクトの予算を適切に管理することが重要である。これにより、予算超過を防ぎ、[1]負担を最小限に抑えることができるようになる。また、必要な場合には、追加の[2]やコストダウンのための調整も行う必要がある。

A：[1]心理的な　[2]資金確保
B：[1]経済的な　[2]人員確保
C：[1]心理的な　[2]資源確保
D：[1]経済的な　[2]予算確保

第94問

ウェブサイト運営やウェブマーケティングの社内担当者を探すための手段に最も含まれにくいものはどれか?　ABCDの中から1つ選びなさい。

A：政府が開催するイベント
B：教育機関との連携
C：フリーランス紹介サイト
D：人材紹介会社

正解　D：[1]経済的な　[2]予算確保

プロジェクトの予算を適切に管理することが重要です。これにより、予算超過を防ぎ、経済的な負担を最小限に抑えることができます。また、必要な場合には、追加の予算確保やコストダウンのための調整も行う必要があります。

正解　A：政府が開催するイベント

ウェブサイト運営やウェブマーケティングの社内担当者を探すための手段には次のようなものがあります。

・社内スタッフの配置転換
・知人・友人・取引先からの推薦
・求人サイトの利用
・人材紹介会社
・人材派遣会社
・フリーランス紹介サイト
・業界団体やイベント
・教育機関との連携

第95問

企業内のウェブ開発やデザインのスキルを持ったスタッフを配置転換する際に、候補者のスキルが不足している際にはどのような対応が最も適切か? ABCDの中から1つ選びなさい。

1回目 / 2回目 / 3回目

A：スキルを持たない他の部署に異動させる
B：外部の教育機関で必要なスキルを習得させる
C：新たなスタッフを採用せずにそのまま進行する
D：社内チーム全員のスキルを一から見直す

第96問

次の文中の空欄[1]と[2]に入る最も適切な語句の組み合わせをABCDの中から1つ選びなさい。

クラウドワークス、ランサーズなどのフリーランスを見つけるプラットフォームを利用すると、短期間の特定プロジェクトの遂行にだけ必要なスキルを持つ人材を見つけることができる。しかしフリーランサーは[1]を嫌う人が多いため[2]の問題が生じることがよくある。

1回目 / 2回目 / 3回目

A：[1]組織の規則に縛られること　[2]定着率
B：[1]お金の力で使われること　[2]安定率
C：[1]組織の規則に縛られること　[2]経済効率
D：[1]お金の力で使われること　[2]組織内

正解　B：外部の教育機関で必要なスキルを習得させる

すでに企業内にウェブ開発やデザインのスキルを持ったスタッフがいる場合、そういったスタッフを活用することができます。しかし、配置転換をするには以前の業務を引き継ぐ担当者を採用する必要が生じます。または配置転換をするにあたり、候補者に必要なスキルが不足している場合は、外部の教育機関でウェブデザインやシステム開発のためのプログラミングスキルをある程度習得する必要が生じます。

正解　A：[1]組織の規則に縛られること　[2]定着率

クラウドワークス、ランサーズなどのフリーランスを見つけるプラットフォームを利用すると、短期間の特定プロジェクトの遂行にだけ必要なスキルを持つ人材を見つけることができます。しかしフリーランサーは組織の規則に縛られることを嫌う人が多いため定着率の問題が生じることがよくあります。

第97問

異なるバックグラウンドや視点を持つ人々をチームに組み入れる主な利点は何か？　ABCDの中から1つ選びなさい。

A：チームのコストを削減する。

B：チームのコミュニケーションを複雑にする。

C：より広範で革新的なアイデアを生み出す。

D：チーム内の競争を活性化させ全員が努力する。

第98問

企業ノウハウの消失を防止するためには、どのような対策が有効か？　ABCDの中から1つ選びなさい。

A：社内ナレッジベースの構築

B：新しい技術の採用

C：社内コミュニケーションの強化

D：外部の専門家のアドバイスを仰ぐ

正解 C：より広範で革新的なアイデアを生み出す。

「ダイバーシティ」(diversity)とは英語で「多様性」を意味する言葉です。インクルージョンとは英語で「包括」「包含」「包摂」などを意味する言葉で、企業内のすべての従業員が尊重され、個々が能力を発揮して活躍できている状態を指します。

異なるバックグラウンド、スキル、視点を持つ人々をチームに取り込むことは、より広範で革新的なアイデアを生み出す助けになります。また、全員がその意見を尊重され、貢献を評価される環境を作ることは、チームの士気とコミットメントを高める効果があります。

正解 A：社内ナレッジベースの構築

企業の目標を達成できるウェブチームが確立できたとしても、その後、各メンバーが離職してしまうと企業の知識がその人と一緒に外部に流出してしまい、社内に知識が残らなくなります。つまり、人が辞めてしまうと同時に企業からその人が使っていた知識と技術が消滅するのです。こうした属人性による企業ノウハウの消失を防止するためには社内に知識を蓄積する「社内ナレッジベース」を構築する必要があります。

第99問

組織全体の知識の蓄積やスキルの共有を促進するための戦略として、一般的にどのような方法が有効だと考えられているか?　ABCDの中から1つ選びなさい。

A：新しい技術の導入

B：定期的な配置転換

C：外部研修の実施

D：給与の増加

第100問

「ウェブマスター」の職務に関して、以下のうち正しいものはどれか?　ABCDの中から1つ選びなさい。

A：サイトゴールの策定、ペルソナの作成とウェブサイトのデザインのみを担当する。

B：ウェブページの作成と更新、ユーザーサポート、サーバー管理など多岐にわたる業務を持つ。

C：企業内の他部署や外部の取引先、顧客とのコミュニケーション以外の業務を担当する。

D：主にSEO、SNS、MEO、動画マーケティング、メールマーケティング以外の業務を行う。

正解　B：定期的な配置転換

定期的な配置転換は、組織全体の知識の蓄積やスキルの共有に非常に有効な戦略です。定期的な配置転換には多くのメリットがあります。

正解　B：ウェブページの作成と更新、ユーザーサポート、サーバー管理など多岐にわたる業務を持つ。

「ウェブマスター」とはウェブサイトの設計、作成、保守を一手に担う役職です。ウェブマスターの職務は、ウェブサイトの構造とナビゲーションの設計、ウェブページの作成と更新、ユーザーサポート、サイトを置くサーバーの管理、SEO、ソーシャルメディア、ウェブ分析とデータレポートの作成など、多岐にわたります。また、ウェブマスターは企業内の他部署や外部の取引先、顧客と連携するためのコミュニケーション能力も必要とされます。

付録

ウェブマスター検定1級 模擬試験問題

※解答は153ページ、解説は155ページ参照

第1問

Q：GA4を使うことにより分析できるものに最も含まれにくいものをABCDの中から1つ選びなさい。

A：流入経路
B：訪問ユーザーの属性
C：サイト外の行動
D：サイトからの収益

第2問

Q：次の文中の空欄[　]に入る最も適切な語句をABCDの中から1つ選びなさい。

GA4の[　]レポートを見ると、ウェブサイトをはじめて訪問した新規ユーザーのウェブサイトへの流入経路を最も大雑把な形である「チャンネルグループ」という形で知ることができる。

A：ユーザー獲得
B：ユーザーフロー
C：ユーザーエンゲージメント
D：エンゲージメントフロー

第3問

Q：次の文中の空欄[1]、[2]、[3]に入る最も適切な語句の組み合わせをABCDの中から1つ選びなさい。

[1]は、[2]よりも開封率が高く、即時性が高いため、顧客に迅速かつ効果的にメッセージを届けることが可能である。

また、[1]は、テキストのみのメッセージであるため、コストが安く抑えることができる。これらの理由により[1]は、[3]において、顧客とコミュニケーションを取るための効果的な手段であると言える。

A：[1]SMS　[2]DM　[3]バイラルマーケティング
B：[1]SNS　[2]メール　[3]バイラルマーケティング
C：[1]SMS　[2]メール　[3]モバイルマーケティング
D：[1]SNS　[2]DM　[3]モバイルマーケティング

第4問

Q：無料のお役立ちコンテンツを提供するサイトで、GA4における「コンバージョン」の一例は次のうちどれである可能性が最も高いか?　ABCDの中から1つ選びなさい。

A：ウェブサイトへの初訪問
B：メールマガジンへの登録
C：ページの高速な読み込み
D：特殊なJavaScriptの実行

第5問

Q：サーチコンソールで「ページ上で視認性の高い動画は検出されませんでした」というメッセージが表示される原因として考えられるのは次のうちどれか?　最も適切な語句をABCDの中から1つ選びなさい。

A：動画の内容とサムネイル画像に関連性がない
B：動画のサムネイル画像の品質が低い
C：動画の表示サイズが小さい、または大きすぎる
D：動画の長さが長すぎてユーザーの負担が多い

第6問

Q：次の文中の空欄[1]と[2]に入る最も適切な語句の組み合わせをABCDの中から1つ選びなさい。

サーチコンソールにある外部リンクの[1]を見ることにより、自社サイトのどのページが社会的に評価されているかがわかる。人や企業が外部サイトにリンクを張る動機は、[2]以外の場合は、そのサイトを信頼しているからである。

A：[1]上位のリンクされているページ　[2]誹謗中傷やからかうため
B：[1]下位のリンクされているページ　[2]お金をもらうため
C：[1]別ドメインのサイトからリンクされているページ
[2]競合関係を構築するため
D：[1]他者のサイトからリンクされているページ
[2]相手の実力を認めるため

第7問

Q：競合調査ツールを使うと知ることができるデータに最も含まれにくいものは次のうちどれか?　ABCDの中から1つ選びなさい。

A：サイト滞在時間
B：コンバージョン数
C：流入キーワード
D：流入経路

第8問

Q：被リンク元調査ツールのブランド名に最も含まれにくいものはどれか?　ABCDの中から1つ選びなさい。

A：SEOsuggest
B：SEMrush
C：Ubersuggest
D：マジェスティック

第9問

Q：次の文中の空欄[　]に入る最も適切な語句をABCDの中から1つ選びなさい。

GA4に表示される[　]の数値が増える理由は、さまざまなプラットフォームを通じて、企業名や商品名・サービス名などのブランド名をユーザーが知ることになり、1度かそれ以上サイトを見たユーザーがブラウザのお気に入りやブックマークに入れてサイトを訪問するようになるからである。

A：Direct
B：Referral
C：Organic Search
D：Organic Social

第10問

Q：検索エンジンからの流入が少ない原因として、最も考えにくいものはどれか? ABCDの中から1つ選びなさい。

A：ページエクスペリエンスが良好ではない
B：検索順位が徐々に落ちてきている
C：SNSを活発に更新していない
D：上位表示できていない

第11問

Q：ページが検索エンジンにインデックスされない理由は色々ありますが、その理由に最も含まれないのはどれか?　ABCDの中から1つ選びなさい。

A：競合他社がインデックスされないようにブロックしているから
B：サイト運営者が自分でインデックスされないように設定している
C：コンテンツの品質が低いから
D：他のページのコンテンツと重複しているから

第12問

Q：Googleは上位表示を目指すウェブページ、または、そのウェブページが置かれているサイトのどこからのページが良質なサイトからリンクを張ってもらっているかをチェックしている。そのためGoogleで上位表示をするためには質が高い被リンクを獲得する必要がある。Googleが考える質が高い被リンクに最も該当しにくいものをABCDの中から1つ選びなさい。

A：権威のあるサイトからの被リンク
B：ページ数が多いサイトからの被リンク
C：関連性が高いサイトからの被リンク
D：人気のあるサイトからの被リンク

第13問

Q：次の文中の空欄[　]に入る最も適切な語句をABCDの中から1つ選びなさい。

ウェブサイトのユーザーエンゲージメントを高めるための改善案の1つとして、ウェブページの一番下に[　]を固定表示するというものがある。

A：画像生成AIで作成した興味深い画像を複数表示するスライドショー
B：興味深い動画を複数貼り付けた動画コーナーやJavaScriptで作成したゲーム
C：プロのカメラマンが撮影した高品質な画像を複数表示するスライドショー
D：AIや受付スタッフとチャットができるようにウェブ接客ツール

第14問

Q：次の文中の空欄[1]と[2]に入る最も適切な語句の組み合わせをABCDの中から1つ選びなさい。

Googleが考える[1]とは、そのサイトが特定のトピックにおける重要な[2]があるウェブページをどれだけ持っているかという指標だと考えられる。[1]が高いサイトのほうが、そうでないサイトよりも検索で上位表示しやすくなる。

A：[1]網羅性　[2]コンテンツ
B：[1]専門性　[2]コンテンツ
C：[1]網羅性　[2]被リンク
D：[1]専門性　[2]被リンクネットワーク

第15問

Q：次の文中の空欄[1]と[2]に入る最も適切な語句の組み合わせをABCDの中から1つ選びなさい。

[1]はユーザーがウェブページをサーバーから自分のデバイスにダウンロードするときに他人にその内容を盗み見されたり、改ざんされないようにデータを[2]するための技術のことである。サイト内のすべてのページを[1]化することにより、ユーザーに安心感を与えることが可能になる。

A：[1]HTTPS　[2]記号化
B：[1]HTTPC　[2]暗号化
C：[1]HTTPS　[2]暗号化
D：[1]HTTPC　[2]短縮化

第16問

Q：ソーシャルメディアのフォロワー数が増えない理由に最も含まれにくい理由はどれか?　ABCDの中から1つ選びなさい。

A：フォローしたくなるような役立つ情報が投稿されていない
B：自社サイトのすべてのページから自社のソーシャルメディアアカウントにリンクを張っていない
C：過去の投稿数が少ないのでフォローする理由がほとんどない
D：ウェブサイトの更新がほとんどされておらずウェブサイトに活気がない

第17問

Q：広告のキャッチコピーがターゲットユーザーに対して興味を引くものでなければ、クリック数は減少する。ターゲティングしてない広告コピーの例は次のうちどれか? ABCDの中から1つ選びなさい。

A：子供たちも安心!抗アレルギーの高品質枕で快適な1日を

B：快眠サポート!ママのための○○○枕」

C：あなたの眠りを快適にする○○○枕く

D：ママの睡眠を守る!快眠サポートの○○○枕

第18問

Q：次の文中の空欄[1]と[2]に入る最も適切な語句の組み合わせをABCDの中から1つ選びなさい。

ウェブページには見込み客に商品・サービスや企業のことを知ってもらい、申し込みという行動を起こしてもらうために作る[1]と、ウェブサイトの訪問者数を増やすために作る[2]の2種類がある。

A：[1]エンゲージメントページ　[2]有料お役立ちページ

B：[1]セールスページ　[2]無料お役立ちページ

C：[1]コンバージョンページ　[2]特別お役立ちページ

D：[1]アクションページ　[2]エンゲージメントページ

第19問

Q：次の文中の空欄[1]、[2]、[3]に入る最も適切な語句の組み合わせをABCDの中から1つ選びなさい。

[1]の導入により、Googleではサイトの人気があるかという基準だけでなく、ページ内のコンテンツが検索ユーザーが[2]、かつ[3]ページを高く評価し上位表示させるようになった。

A：[1]コアアップデート
[2]検索したキーワードと関連性が高く　[3]検索意図を満たしている

B：[1]インテントアップデート
[2]予想したキーワードに近く　[3]検索意図を満たしている

C：[1]ペンギンアップデート
[2]検索したキーワードと関連性が高く　[3]コンテンツが多い

D：[1]ページエクスペリエンスアップデート
[2]予想したキーワードに近く　[3]文字数が多い

第20問

Q：次の文中の空欄[　]に入る最も適切な語句をABCDの中から1つ選びなさい。

人は他人の言う言葉だけでなく、結果を見て判断をするものである。店舗側の主張を裏付けるための客観的な証拠、証言が必要になる。その1つが[　]の掲載である。

A：会社概要
B：事例
C：組織図
D：スタッフの声

第21問

Q：単品サービス販売サイトのトップページでほとんどのユーザーが知りたいことに最も含まれにくいものはどれか？　ABCDの中から1つ選びなさい。

A：他社のサービスとの共通点
B：サービス提供企業の信頼性
C：サービスの内容
D：サービスが提供するベネフィット

第22問

Q：サイトにエラーが発生した場合の主な悪影響として最も考えられるのはどれか？ABCDの中から1つ選びなさい。

A：ユーザーがサイトのデザインを低く評価する
B：ユーザーがサイトの先進性を疑うようになる
C：ユーザー体験が阻害され、コンバージョン率が低下する
D：ユーザーがサイトのビジビリティーを評価するようになる

第23問

Q：B2Cのビジネスにおいて、高額や複雑な商品・サービスの購入決定を促進するための主な対応策は何か？　ABCDの中から1つ選びなさい。

A：価格を大幅に下げて顧客が購入しやすくする
B：商品・サービスの説明やベネフィットをわかりやすく伝える
C：他社の商品・サービスを低評価して自社の優位性を伝える
D：常に新製品のみを提供して顧客の購買意欲を高める

第24問

Q：次の文中の空欄[1]と[2]に入る最も適切な語句の組み合わせをABCDの中から1つ選びなさい。

広告のクリエイティブが[1]に対して訴求力が低いと、ユーザーは広告をスキップするか、無視してしまう可能性が高くなる。このため、広告のクリエイティブは[1]が関心を持つ可能性のある特定の[2]を明確に示すべきである。

A：[1]ターゲットユーザー　[2]価値や利点
B：[1]ターゲットオーディエンス　[2]価値や利点
C：[1]ターゲットユーザー　[2]価格や付帯費用
D：[1]ターゲットオーディエンス　[2]付加費用

第25問

Q：Googleビジネスプロフィール上での本人確認が済んだ後にすべき作業は次のうちどれか？　ABCDの中から1つ選びなさい。

A：NAP情報
B：NEP情報
C：MAP情報
D：NEA情報

第26問

Q：Googleビジネスプロフィールの運用において正しい説明はどれか？　ABCDの中から1つ選びなさい。

A：不正行為が見破られても、2回まで警告が来るが、ペナルティは与えられない。
B：口コミ投稿を代行する企業を利用することは、Googleビジネスプロフィールで推奨されている。
C：Googleは豊富なコンテンツを求めているので短期間に大量の口コミを投稿しても問題ない。
D：不正行為が見破られた場合、地図部分での上位表示のペナルティが与えられる。

第27問

Q：企業や個人がインターネット上での自身の評価やイメージを管理、改善し、肯定的な印象を強化するための活動を何と呼ぶか？　最も適切な語句をABCDの中から1つ選びなさい。

A：ORM
B：ORC
C：ORE
D：OEA

第28問

Q：次の文中の空欄[1]と[2]に入る最も適切な語句の組み合わせをABCDの中から1つ選びなさい。

[1]企業ほど顧客数が多くなるので、[2]レビューもそれに比例して投稿されるものである。

A：[1]評判の良い　[2]ニュートラルな
B：[1]評判の悪い　[2]ポジティブな
C：[1]業績の良い　[2]ネガティブな
D：[1]業績の悪い　[2]ポジティブな

第29問

Q：Googleビジネスプロフィール上でのポジティブな投稿を増加させる本質的な方法は何か?　ABCDの中から1つ選びなさい。

A：ネガティブな投稿をした顧客にポジティブな投稿をするよう依頼する。
B：より多くの商品・サービスを提供してポジティブな投稿をして確率を高める。
C：商品・サービスを感動できるレベルに磨き上げる。
D：ポジティブな投稿を促進するキャンペーンを実施する。

第30問

Q：YouTubeへのネガティブなコメントへの対策に最も該当しにくいものをABCDの中から1つ選びなさい。

A：荒らし行為に対しては即時対応を行う
B：法的措置を取るということをコメント投稿者に伝える
C：繰り返し発生する問題に対しては改善策を検討する
D：ネガティブなコメントには感謝の意を示す

第31問

Q：「EU一般データ保護規則」と訳されるもので、個人データの保護やその取り扱いについて詳細に定められたEU域内の各国に適用される2018年5月25日に施行された法律のことを何と呼ぶか?　ABCDの中から1つ選びなさい。

A：GPEU
B：GPDR
C：GDCR
D：GDPR

第32問

Q：次の文中の空欄[1]と[2]に入る最も適切な語句の組み合わせをABCDの中から1つ選びなさい。

不正競争防止法は、他社の企業秘密を[1]したり、不当な営業方法を用いて[2]を不利にしたりする行為を禁止する法律である。ウェブサイト上で公開する情報には注意が必要です。企業秘密を無断で公開したり、他社の企業秘密を不正に利用してはならない。

A：[1]金銭により取得　[2]顧客
B：[1]不当に取得　[2]株主
C：[1]秘密裏に取得　[2]利害関係者
D：[1]不正に取得　[2]競争相手

第33問

Q：次の文中の空欄[1]と[2]に入る最も適切な語句の組み合わせをABCDの中から1つ選びなさい。

ウェブサイト上で製品の説明を行う際には、その製品の[1]に関する情報を含め、説明が正確であることを確認する必要がある。誤った情報を提供することで生じた[2]に対して、企業は責任を問われる可能性がある。

A：[1]危険性　[2]効用
B：[1]安全性　[2]事故
C：[1]危険性　[2]感情
D：[1]安全性　[2]効果

第34問

Q：企業がレンタルサーバー会社を利用する上でよく遭遇するトラブルに最も含まれにくいものはどれか?　ABCDの中から1つ選びなさい。

A：セキュリティ違反
B：データ管理ミス
C：税金の未払い
D：技術サポートの問題

第35問

Q：企業がウェブサイトをリニューアルする場合には、サーバーとシステムの取り扱いに関する慎重な考慮が必要である。その際に注意を払うべきポイントに最も含まれにくいものはどれか?　ABCDの中から1つ選びなさい。

A：システムとプラグインの互換性
B：マーケティング環境の構築
C：サーバー容量とパフォーマンス
D：操作マニュアルの作成とトレーニング

第36問

Q：ウェブサイトの制作やウェブマーケティングを外注することのデメリットに最も含まれにくいものはどれか？　ABCDの中から1つ選びなさい。

A：コントロールが難しくなる
B：マーケティングが難しくなる
C：コミュニケーションの問題が生じる
D：外部企業への依存度が増加して知識の社内蓄積が困難になる

第37問

Q：ウェブサイト制作やウェブマーケティングのすべて、または一部を外注する場合の見つけ方として最も有効性が低いと思われるものはどれか？　ABCDの中から1つ選びなさい。

A：一括見積もりサイト
B：業界の雑誌・ウェブメディア
C：総合ポータルサイト
D：マッチングサイト

第38問

Q：ウェブサイトの外注において、プロジェクトの素材を事前に準備することの主な理由は何か？　ABCDの中から1つ選びなさい。

A：制作会社や代理店の評価を上げて相互利益を提供して喜んでもらうため
B：外注先とのコミュニケーションを円滑にしてプロジェクトを成功させるため
C：プロジェクトがスムーズに進行し、予定通りの進捗を確保するため
D：制作会社や代理店の他のクライアントに良い影響を与え喜んでもらうため

第39問

Q：次の文中の空欄[　]に入る最も適切な語句をABCDの中から1つ選びなさい。

ITやウェブ業界に特化した人材紹介会社を活用することも1つの手段です。人材紹介会社は企業のニーズに合わせた候補者を見つけてくれる。しかし、年収の[　]の紹介手数料がかかるため大きな費用がかかる。

A：1割近く
B：3割近く
C：5割近く
D：8割近く

第40問

Q：企業の人材育成制度の中でどのような職務にどのような立場で就くか、またそこに到達するためにどのような経験を積みどのようなスキルを身に付けるかといった道筋のことを何と呼ぶか？　ABCDの中から1つ選びなさい。

A：キャリアパス
B：スタンディングポイント
C：スキルストック
D：スキルパスポート

第41問

Q：売り上げや新規顧客獲得数以外のKGIに含まれにくいものは次のうちどれか？ ABCDの中から1つ選びなさい。

A：直帰率
B：顧客維持率
C：利益率
D：ブランド認知度

第42問

Q：コンテンツマーケティングのメリットに最も含まれにくいものは次のうちどれか？ ABCDの中から1つ選びなさい。

A：SEO効果が高い
B：ターゲットに絞ったマーケティングができる
C：ポータルサイトで拡散されやすい
D：信頼関係が構築できる

第43問

Q：次の文中の空欄[　]に入る最も適切な語句をABCDの中から1つ選びなさい。

動画はYouTubeやVimeoなどの動画共有サイトに投稿するストック型のものと、Instagram、TikTokなどに投稿する縦長の短尺動画、[　]と呼ばれるセミナー形式のライブ配信のものなど、さまざまな形式のものがある。

A：ウェビナー
B：ズーム
C：チームズ
D：Googleミート

第44問

Q：次の文中の空欄[　]に入る最も適切な語句をABCDの中から1つ選びなさい。

ウェブサイト上で提供されている[　]は、自分の性格を自動的に診断するもの、自分の生活習慣を入力するとどのような病気になりやすいか、あるいはすでにその病気にかかっているかなどを自動的に診断することができるプログラムなどのことである。

A：キャラクターリスト
B：クエスチョンリスト
C：チェックオプション
D：チェックリスト

第45問

Q：次の文中の空欄[1]と[2]に入る最も適切な語句の組み合わせをABCDの中から1つ選びなさい。

[1]を実施することにより、検索結果1ページ目の上位に自社サイトを表示することが可能になる。それにより、[2]だけに依存しなくても検索エンジンからの集客が可能になり、採算割れをせずに利益を出すことが目指せるようになる。

A：[1]SEO　[2]リスティング広告
B：[1]コンテンツマーケティング　[2]動画広告
C：[1]SEO　[2]動画広告
D：[1]SNS運用　[2]ウェブデザイン

第46問

Q：次の文中の空欄[　]に入る最も適切な語句をABCDの中から1つ選びなさい。

Googleは公式サイト上ではっきりと、[　]張ったリンクは被リンクとして評価しないと述べている。

A：金銭を受け取って
B：表示速度が遅いサイトから
C：トラフィックを受け取って
D：海外のサイトから

第47問

Q：次の文中の空欄[　]に入る最も適切な語句をABCDの中から1つ選びなさい。

人気のCMSであるWordPressで記事ページの3大エリアの各項目を効率的に設定するためには[　]という無料のプラグインをWordPressにインストールするとよいと考えられている。

A：Anyone SEO Pack
B：All in All SEO Pack
C：All in Three SEO Pack
D：All in One SEO Pack

第48問

Q：Googleが記事を評価する上で近年、特に重視しているポイントは何か？　最も適切なものをABCDの中から1つ選びなさい。

A：記事の長さ
B：記事に含まれるキーワードの数
C：記事の著者情報
D：記事にあるリンクの数

第49問

Q：次の文中の空欄［　］に入る最も適切な語句をABCDの中から1つ選びなさい。

ほとんどのSNS、ソーシャルメディアでは［　］から自社サイトにリンクを張ることができる。

A：キャプション内
B：プロフィール欄
C：動画内
D：サイトマップ

第50問

Q：次の文中の空欄［　］に入る最も適切な語句をABCDの中から1つ選びなさい。

SNSでは［　］が重要な役割を果たす。テキストだけの投稿に比べて［　］が掲載されている投稿のほうがターゲットユーザーの目を引く。

A：インフォグラフィックや表
B：写真やイラスト
C：インフォグラフィックやリンク
D：画像や動画

第51問

Q：動画マーケティングを実施するための戦略にはいくつかあるが、それらに最も該当しにくいものをABCDの中から1つ選びなさい。

A：品質が高い動画を制作する
B：ターゲットユーザーを理解する
C：動画MEOを実施する
D：適切な配信プラットフォームを選択する

第52問

Q：リスティング広告が検索結果の広告欄に表示される順位の決定要因に最も含まれにくいものはどれか？　ABCDの中から1つ選びなさい。

A：広告のリンク先ページの品質が高いか？
B：広告の品質が高いか？
C：希望入札額が他社よりも高いか？
D：検索エンジンが探している内容の広告であるか？

第53問

Q：次の文中の空欄[1]と[2]に入る最も適切な語句の組み合わせをABCDの中から1つ選びなさい。

SNS広告を出すときは、広告のターゲットとなるユーザー層を理解し、ユーザーに[1]広告コンテンツを作成するべきである。ターゲット層に合わないコンテンツは、広告効果が低くなる可能性がある。[2]などしてターゲットユーザーの人物像を明確にするべきである。

A：[1]安心感やインスピレーションを持ってもらえる　[2]広告金額を設定する
B：[1]共感や興味を持ってもらえる　[2]ペルソナを設定する
C：[1]安心感や依存性を持ってもらえる　[2]ペルソナを設定する
D：[1]共感や興味を持ってもらえる　[2]表示時間帯を設定する

第54問

Q：次の文中の空欄[　]に入る最も適切な語句をABCDの中から1つ選びなさい。

動画広告を利用する際の注意点も、SNSとほとんど同じだが、動画広告ならではのものとしては、動画の品質や編集、音楽、構成が[　]ことが、視聴者の注意を引き付けるために重要である。

A：プロフェッショナルで魅力的である
B：情緒的でファッショナブル的である
C：高品質で若者的である
D：エモーショナルで叙情的である

第55問

Q：オンライン広告を利用する際の重要ポイントに最も含まれにくいものはどれか？ABCDの中から1つ選びなさい。

A：効果測定と改善
B：効果的な広告コピーの作成
C：広告専用ページの作成
D：A/Dテスト

第56問

Q:ホテル業界のフロントエンドとして最も適切ではないものはどれか？　ABCDの中から1つ選びなさい。

A：期間限定や数量限定の特別な限定プラン
B：連泊することで割引が適用される連泊割引プラン
C：季節ごとに変わる特別プランやイベントに関連した季節別プラン
D：高額な価格帯で提供する豪華な宿泊プラン

第57問

Q：次の画像中の[1]、[2]、[3]に入る最も適切な語句をABCDの中から1つ選びなさい。

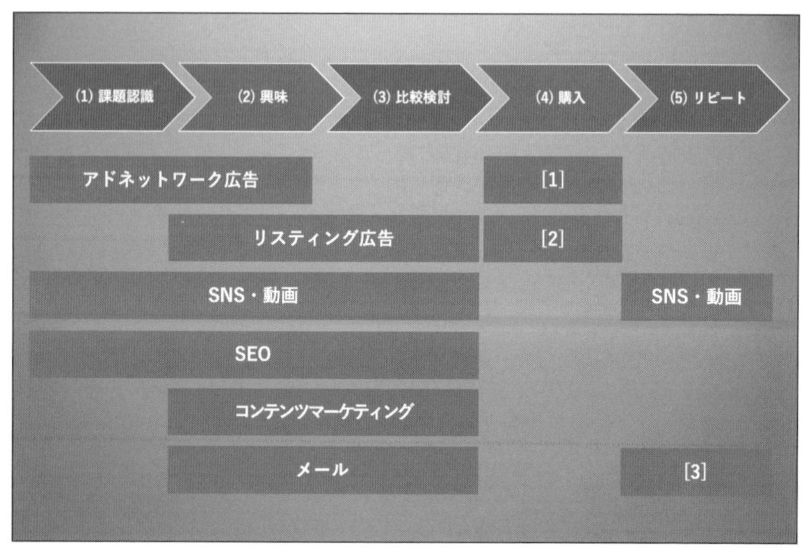

A：[1]メール　[2]メール　[3]モール
B：[1]メール　[2]自社サイト　[3]モール
C：[1]モール　[2]メール　[3]自社サイト
D：[1]自社サイト　[2]モール　[3]メール

第58問

Q：次の画像中の[1]、[2]、[3]に入る最も適切な語句をABCDの中から1つ選びなさい。

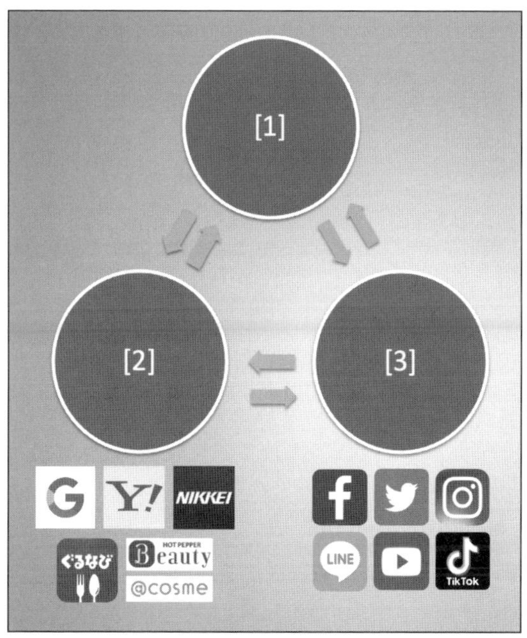

A：	[1]オウンドメディア	[2]ソーシャルメディア	[3]アーリーメディア
B：	[1]オウンドメディア	[2]ペイドメディア	[3]アーンドメディア
C：	[1]ペイドメディア	[2]オウンドメディア	[3]ソーシャルメディア
D：	[1]アーリーメディア	[2]ペイドメディア	[3]オウンドメディア

第59問

Q：次の図は何の画面である可能性が最も高いか?　ABCDの中から1つ選びなさい。

		記念日	ターゲット	目標	テーマ	内容	担当者
2023年7月1日	土	国民安全の日、童謡の	.				
2023年7月2日	日	ユネスコ加盟記念の日	.				
2023年7月3日	月	ソフトクリームの日、波の	ウェブ担当者	メタディスクリプションの書	ウェブページのメタ	メタディスクリプショ	三木巳喜男
2023年7月4日	火	梨の日	.				
2023年7月5日	水	江戸切子の日、穴子の	中小企業経営者、SNS担当者	Instagram　セミナー	Instagram活用のセ	初心者にわかりやす	武田ともこ
2023年7月6日	木	公認会計士の日、ゼロ	.				
2023年7月7日	金	川の日、カルピスの日、	.				
2023年7月8日	土	那覇の日、質屋の日、	.				
2023年7月9日	日	ジェットコースターの日	.				
2023年7月10日	月	納豆の日、ウルトラマン	.				
2023年7月11日	火	ラーメンの日	.				

備考	セールスページ	ブログ記事	Twitter	Facebook	Instagram	LINE公式	メールマガジン	
		https://www.we	●	●		●		
	https://www.web-planners.net/inst		●	●	●	●	●	

A：エディトリアルカレンダー
B：マーケティングカレンダー
C：スケジュールカレンダー
D：インフォグラフカレンダー

第60問

Q：次の図は何の画面である可能性が最も高いか?　ABCDの中から1つ選びなさい。

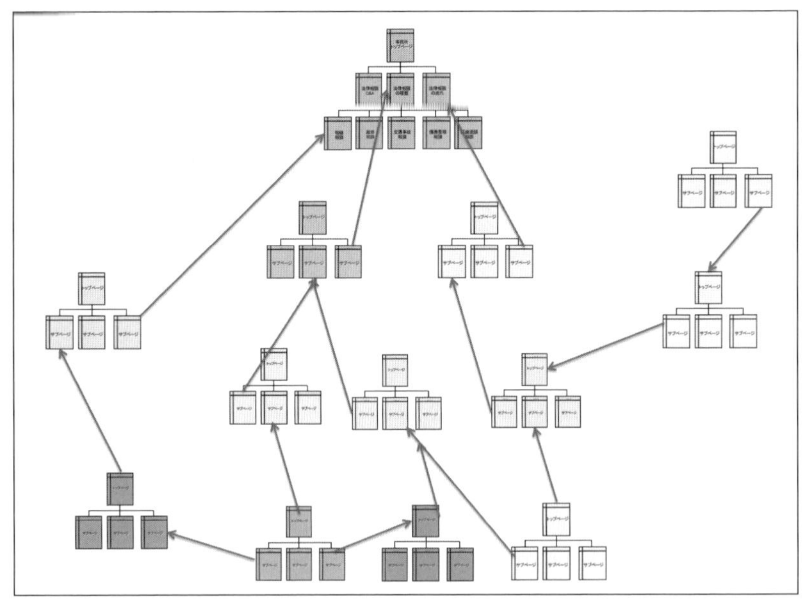

A：PCN
B：PBN
C：PDN
D：PGN

第61問

Q：ワイヤーフレームに関する説明として、最も正確なものはどれか?　ABCDの中から1つ選びなさい。

A：ワイヤーフレームは、ウェブページのカラー設計や、フォント設定などの細かいデザイン要素を詳細に示すものである。

B：ワイヤーフレームは、ウェブページのJavaScriptやPHPプログラムの構造や動作の設計をするものである。

C：ワイヤーフレームは、ウェブページのレイアウトやコンテンツの配置を示すシンプルな設計図のことである。

D：ワイヤーフレームは、ウェブページのマーケティング戦略やターゲットユーザーの詳細を示すものである。

第62問

Q：市場の消費者がどのような課題を抱えているかを知る方法に最も当てはまりにくいものはどれか?　ABCDの中から1つ選びなさい。

A：日々顧客からもらっている電話やメールによる問い合わせ情報を集計して考察する

B：これまで商品・サービスを購入してくれた顧客にアンケートの依頼をする

C：ウェブ調査会社に競合調査ツールを開発してもらい自社内で調査作業をする

D：市場調査会社に調査を依頼する

第63問

Q：B2Cのサイトのターゲットユーザーを設定する際に決めるペルソナの設定に最も含まれにくいものはどれか?　ABCDの中から1つ選びなさい。

A：関心事

B：資本金

C：収入

D：職種

第64問

Q：サイト内でユーザーがゴールに到達するためには、どのような情報要素が必要か?　それら情報要素に含まれにくい組み合わせはどれか?　ABCDの中から1つ選びなさい。

A：フッターメニュー、本文、見出し、テキストリンク

B：メインナビゲーション、アクセスマップ

C：ヘッダーナビゲーション、メインビジュアル

D：サイトロゴ、バナー、詳細画像、画像リンク

第65問

Q：次の文中の空欄[　]に入る最も適切な語句をABCDの中から1つ選びなさい。

ナビゲーションの中でも最も重要といってよいのが、[　]に設置するナビゲーションバーです。ナビゲーションバーとはウェブサイト内にある主要なページへリンクを張るメニューリンクのことです。

A：フッター
B：ヘッダー
C：メインコンテンツ
D：サブコンテンツ

第66問

Q：GEORGIA、Times New Roman、Baskerville、Bodoni MTは何体のフォントか?　正しいものをABCDの中から1つ選びなさい。

A：セリフ体
B：サンセリフ体
C：ノンセリフ体
D：ノンセリフ体

第67問

Q：次の文中の空欄[　]に入る最も適切な語句をABCDの中から1つ選びなさい。

Adobe社が提供している[　]などを使うと、映画のようなタイトルロゴやイントロ、トランジション(場面転換)を作成できる。

A：After Effects
B：Super Effects
C：Title Effects
D：Ultra Effects

第68問

Q：次の文中の空欄[1]と[2]に入る最も適切な語句の組み合わせをABCDの中から1つ選びなさい。

JavaScriptを活用することにより、ユーザーがウェブページ上で何らかのアクションを起こすと、それをプログラムが[1]として認識する。そしてあらかじめプログラムされた手順に従って[2]として画面の指定された部分が変化する。

A：[1]インプット　　[2]アウトプット
B：[1]アウトプット　[2]インプット
C：[1]インプット　　[2]プログラム
D：[1]命令　　　　　[2]指示

第69問

Q：次のソースコードは、どのような効果を実現するためのものか？　最も可能性が高いものをABCDの中から1つ選びなさい。

```
const slides = document.querySelectorAll('.slide');
let currentSlide = 0;

function showSlide() {
  slides.forEach((slide) => (slide.style.display = 'none'));
  slides[currentSlide].style.display = 'flex';
}

function changeSlide() {
  currentSlide = (currentSlide + 1) % slides.length;
  showSlide();
}

showSlide();
setInterval(changeSlide, 3000);
```

A：画像の自動切り替え
B：画像の時差表示
C：メニュー項目の自動切り替え
D：メニュー項目の詳細表示

第70問

Q：次のソースコードは、何を実現するためのソースコードか？　最も可能性が高いものをABCDの中から1つ選びなさい。

```
$stmt = $pdo->prepare(
    'SELECT * FROM user WHERE mail_address = :mail_address LIMIT 1'
);
$stmt->bindValue(':mail_address', $mail_address, PDO::PARAM_STR);
```

A：データベース内のどのデータセルをどのように操作したいのかを記述するもの
B：テーブル内のどのデータセルをどのように操作したいのかを記述するもの
C：データベース内のどのテーブルをどのように操作したいのかを記述するもの
D：テーブル内のどのデータをどのように操作したいのかを記述するもの

第71問

Q：次の文中の空欄[1]、[2]、[3]に入る最も適切な語句の組み合わせをABCDの中から1つ選びなさい。

電子掲示板の登場によりはじめて[1]が自由に自分たちの意見を投稿し自由な発言をすることが可能になった。それにより消費者の率直な商品・サービスへの感想や、[2]がどのような顧客対応をしているかが透明化され、[3]が購入決定をする際の判断材料として利用されるようになった。

A：[1]企業　[2]消費者　[3]消費者
B：[1]消費者　[2]企業　[3]消費者
C：[1]企業　[2]消費者　[3]企業
D：[1]消費者　[2]企業　[3]企業

第72問

Q：動画配信における企業の取り組みにおいて、次の選択肢の中で最も適切なものはどれか？　ABCDの中から1つ選びなさい。

A：商品・サービスの特徴を強調する動画を数多く作成してストックする
B：視聴者を喜ばせるコンテンツを提供する前に、販売を最優先にする。
C：まず多くの無料お役立ち動画を作ることで、視聴者を喜ばせる。
D：無駄な費用を削減するために動画作成費の削減を優先する。

第73問

Q：次の文中の空欄[1]と[2]に入る最も適切な語句の組み合わせをABCDの中から1つ選びなさい。

内容が固定されており、どのユーザーが見ても中身が変化しないウェブページを[1]ウェブページと呼び、ユーザーが入力したデータに基づいてそれぞれのユーザーに異なった内容のウェブページを表示するのが[2]ウェブページと呼ぶ。

A：[1]コンスタント　[2]ムーバブル
B：[1]スタイル　[2]ダイナミック
C：[1]不変　[2]可変
D：[1]静的な　[2]動的な

第74問

Q：次の文中の空欄[　]に入る最も適切なものをABCDの中から1つ選びなさい。

検索エンジンの自然検索欄に表示されるページと広告専用ページの内容が重複すると自然検索での検索順位が下がってしまうため、広告専用ページのHTMLソース内に「[　]」というような検索エンジンに登録しないためのタグを記載することがある。

A：<meta name="robot" content="noindex">
B：<meta name="robots" contents="noindex">
C：<meta name="robot" contents="noindex">
D：<meta name="robots" content="noindex">

第75問

Q：次の文中の空欄［　］に入る最も適切な語句をABCDの中から1つ選びなさい。

ホームページ作成サービスの月額利用料金は、［　］の範囲にわたり、利用できる機能や運用コンサルタントによるサポートの有無によって金額が変わる。

A：100円から1000円前後
B：1000円から5万円前後
C：数千円から10万円前後
D：数万円から100万円前後

第76問

Q：次の文中の空欄［1］と［2］に入る最も適切な語句の組み合わせをABCDの中から1つ選びなさい。

企業が［1］を投稿できるサービスがある。サイトがオープンしたことを伝える［1］文を作成し［1］代行サービスを利用するとその［1］文が複数の大手メディアのサイトに転載されて、それらのサイトからの訪問者を増やすことが可能である。1回あたり［2］の料金を払うと利用できる。

A：[1]メディアリリース　　[2]5万円から10万円
B：[1]プレスリリース　　[2]5000円から8000円
C：[1]メディアリリース　　[2]5万円から15万円
D：[1]プレスリリース　　[2]5000円から3万円

第77問

Q：DNSに関する次の説明の中で正しいものはどれか?　ABCDの中から1つ選びなさい。

A：DNSはドメイン名とMACアドレスの対応付けを管理するシステムである。
B：名前解決は、ドメイン名からIPアドレスを探す過程を指す。
C：正引きはIPアドレスからドメイン名を割り出す過程である。
D：DNSサーバーが停止すると、ネットワークの物理的な接続が途絶える。

第78問

Q：ウェブ1.0に関する記述として最も正確なものはどれか?　ABCDの中から1つ選びなさい。

A：ウェブ1.0では主に動画コンテンツが人気だった。
B：ウェブ1.0は一部の人たちによる一方的な情報発信の形をとっていた。
C：ウェブ1.0は多方向のコミュニケーションを特徴としていた。
D：ウェブ1.0はSNSの利用が主流であった。

第79問

Q：次の画像中の[1]と[2]に入る最も適切な語句をABCDの中から1つ選びなさい。

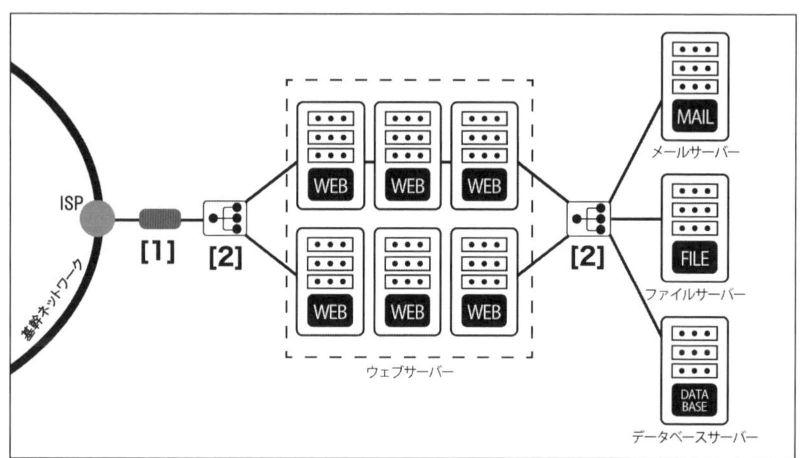

A：[1]LAN　　[2]モデム
B：[1]ルーター　　[2]ロードバランサー
C：[1]ロードバランサー　　[2]モデム
D：[1]LAN　　[2]ロードバランサー

第80問

Q：次は何のソースコードか?　最も適切な語句をABCDの中から1つ選びなさい。

```
img.wp-smiley,
img.emoji {
  display: inline !important;
  border: none !important;
  box-shadow: none !important;
  height: 1em !important;
  width: 1em !important;
  margin: 0 0.07em !important;
  vertical-align: -0.1em !important;
  background: none !important;
  padding: 0 !important;
}
```

A：XML
B：JavaScript
C：HTML
D：CSS

【試験時間】 60分
【合格基準】 得点率80%以上

（ウェブマスター）検定（1）級　試験解答用紙

フリガナ	
氏　名	

AJSA 一般社団法人全日本SEO協会 All Japan SEO Association

【注意事項】
1、受験する検定名と、級の数字を（　）内に入れて下さい。
2、氏名とフリガナを記入して下さい。
3、解答欄から答えを一つ選び黒く塗りつぶして下さい。
4、訂正は消しゴムで消してから正しい番号を記入して下さい
5、携帯電話、タブレット、PC、その他デジタル機器の使用、書籍類、紙等の使用は一切禁止です。試験前に必ず電源を切って下さい。
　試験中不適切な行為があると試験官が判断した場合は退席して頂きます。その場合試験は終了になります。
6、解答が終わるまで途中退席は出来ません。　7、解答が終わったらいつでも退席出来ます。 8、退席する時は試験官に解答用紙と問題用紙を渡して下さい。
9、解答用紙を試験官に渡したらその後試験の継続は出来ません。 10、同日開催される他の試験を受験する方は開始時刻の10分前までに試験会場に戻って下さい。**【合否発表】 合否通知は試験日より14日以内に郵送します。合格者には同時に認定証も郵送します。**

	解答欄		解答欄		解答欄		解答欄		解答欄		解答欄		
1	A B ● D	15	A B ● D	29	A B ● D	43	● B C D	57	A B C ●	71	A ● C D		
2	● B C D	16	A B C ●	30	A ● C D	44	A B C ●	58	A ● C D	72	A B ● D		
3	A B ● D	17	A B ● D	31	A B C ●	45	● B C D	59	● B C D	73	A B C ●		
4	A ● C D	18	A ● C D	32	A B C ●	46	● B C D	60	A ● C D	74	A B C ●		
5	A B ● D	19	● B C D	33	A ● C D	47	A B C ●	61	A B ● D	75	A B ● D		
6	● B C D	20	A ● C D	34	A B ● D	48	A B ● D	62	A B ● D	76	A B C ●		
7	A ● C D	21	● B C D	35	A ● C D	49	A ● C D	63	A ● C D	77	A ● C D		
8	● B C D	22	A B ● D	36	A ● C D	50	A B C ●	64	A ● C D	78	A ● C D		
9	● B C D	23	A ● C D	37	A B ● D	51	A B ● D	65	A ● C D	79	A ● C D		
10	A B ● D	24	A ● C D	38	A B ● D	52	A B C ●	66	● B C D	80	A B C ●		
11	● B C D	25	● B C D	39	A ● C D	53	A ● C D	67	● B C D				
12	A ● C D	26	A B C ●	40	● B C D	54	● B C D	68	● B C D				
13	A B C ●	27	● B C D	41	● B C D	55	A B C ●	69	● B C D				
14	● B C D	28	A B ● D	42	A B ● D	56	A B C ●	70	A B C ●				

付録

ウェブマスター検定1級 模擬試験問題解説

第1問

正解C：サイト外の行動

GA4を使うことにより次の重要データを分析することができます。

・訪問ユーザーの属性
・流入経路
・サイト内の行動
・サイトからの収益

第2問

正解A：ユーザー獲得

流入経路とは、自社サイトにどこからユーザーがやってきたか、そのアクセス元のことをいいます。流入経路を知ることにより、自社サイトに訪問ユーザーをもたらす効果的な流入元を特定し、そこにどれだけの経営資源を割り振るべきかや、今後、他にどのような流入元を開拓するべきかという知見を得ることができます。

GA4の「ユーザー獲得」レポートを見ると、ウェブサイトをはじめて訪問した新規ユーザーのウェブサイトへの流入経路を最も大雑把な形である「チャンネルグループ」という形で知ることができます。

第3問

正解C：[1]SMS　[2]メール　[3]モバイルマーケティング

SMSは、メールよりも開封率が高く、即時性が高いため、顧客に迅速かつ効果的にメッセージを届けることが可能です。また、SMSは、テキストのみのメッセージであるため、コストが安く抑えることができます。これらの理由によりSMSは、モバイルマーケティングにおいて、顧客とコミュニケーションを取るための効果的な手段です。

第4問

正解B：メールマガジンへの登録

GA4における「コンバージョン数」とは、ユーザーがウェブサイトやアプリで行ったコンバージョンの数を表す指標です。コンバージョンとは、ユーザーがウェブサイトやアプリで達成した特定の目標のことを指します。

たとえば、商品の購入、資料のダウンロード、お問い合わせの送信などは、コンバージョンです。また、無料お役立ちコンテンツだけを提供するサイトでは、メールマガジンへの登録や資料のダウンロードがコンバージョンとなる場合もあります。

これらのアクションはGA4では手動で設定して、それぞれが達成されるたびにコンバージョンとして追跡されます。

第5問

正解C：動画の表示サイズが小さい、または大きすぎる

サーチコンソールに指摘される動画に関する問題を指摘するメッセージで一番多いものは「ページ上で視認性の高い動画は検出されませんでした」というものです。このメッセージは次のような理由がある場合に表示されます。

・動画がページ内の目立つ位置に掲載されていない
・動画の表示サイズが小さい、または大きすぎる

第6問

正解A：[1]上位のリンクされているページ　[2]誹謗中傷やからかうため

サーチコンソールにある外部リンクの「上位のリンクされているページ」を見ることにより、自社サイトのどのページが社会的に評価されているかがわかります。人や企業が外部サイトにリンクを張る動機は、誹謗中傷やからかうため以外の場合は、そのサイトを信頼しているからです。

第7問

正解B：コンバージョン数

競合調査ツールを使えば、Google検索での上位表示を達成するために知るべき次の指標を見ることができます。

・流入経路
・流入キーワード
・サイト滞在時間
・人気ページ
・ユーザー環境

第8問

正解A：SEOsuggest

被リンク元調査ツールとは、他のウェブサイトが自社サイトにどのようにリンクしているかを調査するためのツールのことです。これらのツールは一般に、自社のウェブサイトに向けられた被リンクの総数、それらのリンクがどのページから来ているか、リンクしているウェブサイトの品質や信頼性など、被リンク元サイトのさまざまな属性を分析します。

被リンク元調査ツールには次のようなものがあります。

・マジェスティック
・Link Explore
・エイチレフス
・SEMrush
・Ubersuggest

第9問

正解A：Direct

GA4に表示されるDirect（直接）の数値が増える理由は、さまざまなプラットフォームを通じて、企業名や商品名・サービス名などのブランド名をユーザーが知ることになり、1度かそれ以上サイトを見たユーザーがブラウザのお気に入りやブックマークに入れて直接サイトを訪問するようになるからです。

第10問

正解C：SNSを活発に更新していない

Googleなどの検索エンジンからの流入が少ないためにサイトのアクセス数が増えないという問題を多くのサイトが抱えています。検索エンジンからのアクセス数が少ない理由には次のようなものがあります。

・ページがインデックスされない
・上位表示できていない
・検索順位が徐々に落ちてきている
・ページエクスペリエンスが良好ではない

第11問

正解A：競合他社がインデックスされないようにブロックしているから

ページがインデックスされない理由は色々ありますが、代表的なものとしては次のようなものがあります。

・他のページのコンテンツと重複しているから
・コンテンツの品質が低いから
・サイト運営者が自分でインデックスされないように設定している

第12問

正解B：ページ数が多いサイトからの被リンク

Googleは上位表示を目指すウェブページ、または、そのウェブページが置かれているサイトのどこからのページが良質なサイトからリンクを張ってもらっているかをチェックしています。そうしたサイトからリンクを張ってもらっていないサイトのウェブページは上位表示させないように設計されています。そうすることにより信頼できるウェブページが検索ユーザーの目に触れるようにして検索ユーザーの満足度を高めるように努めています。

Googleで上位表示をするためには質が高い被リンクを獲得する必要があります。質が高い被リンクとは次の3つです。

・権威のあるサイトからの被リンク
・人気のあるサイトからの被リンク
・関連性が高いサイトからの被リンク

第13問

正解D：AIや受付スタッフとチャットができるようにウェブ接客ツール

ウェブサイトのユーザーエンゲージメントを高めるためには次のようなコンテンツの改善やウェブデザインの改善が有効です。

・ユーザーエンゲージメントを高めるためのコンテンツ（テキスト、画像、動画）を作成し、掲載する。
・ランディングページ内の文中に積極的にサイト内にある他のページへのリンクを設置して他のページも見てもらうことを促進する。
・クリックしてほしいリンクの場所にはクリックを誘発するCTAを記述する。
・コンバージョン率を向上させるために商品・サービスの活用方法や導入事例などのコンテンツを追加する。
・ウェブページの一番下に「問い合わせ」「電話」「買い物かごに入れる」「予約する」「無料相談」のリンクを固定表示する。
・ウェブページの一番下にAIや受付スタッフとチャットができるようにウェブ接客ツールを固定表示する。

第14問

正解A：[1]網羅性　[2]コンテンツ

Googleが考える網羅性とは、そのサイトが特定のトピックにおける重要なコンテンツがあるウェブページをどれだけ持っているかという指標です。網羅性が高いサイトのほうが、そうでないサイトよりも検索で上位表示しやすくなります。

これはユーザーに有益な情報を提供しているサイトは特定の分野の一部分だけの情報を提供しているのではなく、その分野における総合的な情報を提供しているはずなので、その分野における総合的な情報を提供、つまり網羅しているサイトは高く評価されるべきだという考えによるものです。

第15問

正解C：[1]HTTPS　[2]暗号化

HTTPSはユーザーがウェブページをサーバーから自分のデバイスにダウンロードするときに他人にその内容を盗み見されたり、改ざんされないようにデータを暗号化するための技術のことです。

サイト内のすべてのページをHTTPS化することにより、すべてのページのURLの先頭に「https://」という文字列が表示されるようになります。そうするとユーザーが使っているブラウザの上部にあるURL表示欄には鍵の印が表示されるようになり、ユーザーに安心感を与えることが可能になります。

第16問

正解D：ウェブサイトの更新がほとんどされておらずウェブサイトに活気がない

ソーシャルメディアのフォロワー数を増やす方法を知るにはまず、フォロワー数が増えない理由から知る必要があります。フォロワー数が増えない理由には次のものがあります。

・過去の投稿数が少ないのでフォローする理由がほとんどない
・フォローしたくなるような役立つ情報が投稿されていない
・自社サイトのすべてのページから自社のソーシャルメディアアカウントにリンクを張っていない

第17問

正解C：あなたの眠りを快適にする○○○枕

広告のキャッチコピーがターゲットユーザーに対して興味を引くものでなければ、クリック数は減少します。キャッチコピーはターゲットユーザーが商品・サービスに興味を持つような内容であるべきで、ユーザーの問題を解決するといった価値提案を明確に表すことが必要です。

ターゲティングしてない広告コピーの例としては次のようなものがあります。

・質の良い枕で眠りの質を向上。お求めの枕、ここにあります
・快適な眠りのための○○○枕を最短2日でお届け!
・すべての人のための高品質枕を取り扱う枕の専門店
・あなたの眠りを快適にする○○○枕

反対に、ターゲティングした広告コピーの例としては次のようなものがあります。

・子供たちも安心!抗アレルギーの高品質枕で快適な1日を
・快眠サポート!ママのための○○○枕」
・子育て忙しいママのための最高のリラクゼーション。眠りの質を高める!○○○枕
・ママの睡眠を守る!快眠サポートの○○○枕

第18問

正解B：[1]セールスページ　[2]無料お役立ちページ

ウェブページには見込み客に商品・サービスや企業のことを知ってもらい、申し込みという行動を起こしてもらうために作る「セールスページ」と、ウェブサイトの訪問者数を増やすために作る「無料お役立ちページ」の2種類があります。

セールスページには、サイトのトップページ、商品・サービスの販売ページ、事例紹介ページ、企業案内ページ、Q&Aページ、買い物かご、予約フォーム、お問い合わせフォームなどがあります。

一方、無料お役立ちページには、サイトに設置したブログシステムに投稿するコラム記事ページ、基礎知識解説ページ、用語集ページなどがあります。

第19問

正解A：[1]コアアップデート　[2]検索したキーワードと関連性が高く　[3]検索意図を満たしている

コアアップデートの導入により、Googleではサイトの人気があるかという基準だけでなく、ページ内のコンテンツが検索ユーザーが検索したキーワードと関連性が高く、かつ検索意図を満たしているページを高く評価し上位表示させるようになりました。反対に、キーワードと関連性が低い、ユーザーの検索意図を満たしていないとGoogleが判断した場合は検索順位が下るようになりました。

第20問

正解B：事例

人は他人の言う言葉だけでなく、結果を見て判断をするものです。店舗側の主張を裏付けるための客観的な証拠、証言が必要になります。

その1つが成功事例、制作事例、修理事例などの事例の掲載です。多くの見込み客は、そのサービスを利用した人たちが実際にどうなったのかを重要な判断材料の1つとして知りたがります。

第21問

正解A：他社のサービスとの共通点

単品サービス販売サイトのトップページでほとんどのユーザーが知りたいことは次のようにサービスそのものについてのことだけだと考えられます。

・サービスの内容
・サービスが提供するベネフィット
・他社のサービスとの違い
・おおよその料金
・サービス提供企業の信頼性

第22問

正解C：ユーザー体験が阻害され、コンバージョン率が低下する

サイトにエラーが発生すると、ユーザー体験が大きく阻害され、その結果コンバージョン率が低下する可能性があります。

第23問

正解B：商品・サービスの説明やベネフィットをわかりやすく伝える

B2Cでは、消費者の購入決定は比較的スピーディーに行われます。しかし、高額商品や複雑なサービスなど、より慎重な考慮を必要とする商品・サービスでは、購入までの時間が長くなることがあります。

B2Cでの対応策は、詳細な商品・サービスの説明や、ベネフィット、特徴、使用方法、活用事例についてわかりやすく伝え、顧客が商品・サービスを理解しやすくすることです。

第24問

正解B：[1]ターゲットオーディエンス、[2]価値や利点

広告のクリエイティブがターゲットオーディエンスに対して訴求力が低いと、ユーザーは広告をスキップするか、無視してしまう可能性が高くなります。このため、広告のクリエイティブはターゲットオーディエンスが関心を持つ可能性のある特定の価値や利点を明確に示すべきです。

第25問

正解A：NAP情報

Googleビジネスプロフィール上での本人確認が済んだら、次にするべきことはNAP情報を正確に入力することです。NAP情報とは、Name（ビジネス名）、Address（住所）、Phone（電話番号）のことをいいます。Googleはこの3つの情報を非常に重要視しています。入力フォームに情報を正確に記入しないと上位表示に不利になることがあるので細心の注意を払う必要があります。

第26問

正解D：不正行為が見破られた場合、地図部分での上位表示のペナルティが与えられる。

Googleビジネスプロフィールの担当スタッフは不正行為に絶えず注意を払っているので注意しなくてはなりません。短期間に大量の口コミを投稿したり、不正な口コミ投稿を代行する企業に口コミ投稿を依頼するようなことは避けてください。そうしたことをすると独自のチェックシステムによって不正行為が見破られることがほとんどです。不正行為が見破られた場合、地図部分での上位表示はできなくなるようにペナルティが与えられてしまうので気を付けましょう。

第27問

正解A：ORM

「オンライン評判管理」（Online Reputation Management：ORM）とは、企業や個人がインターネット上での自身の評価やイメージを管理、改善し、肯定的な印象を強化するための活動を指します。インターネットが人々にとって主要な情報源となった今日では、オンラインでの評判は企業の成功を左右する非常に重要な要素です。

第28問

正解C：[1]業績の良い、[2]ネガティブな

業績の良い企業ほど顧客数が多くなるので、ネガティブなレビューもそれに比例して投稿されるものです。

第29問

正解C：商品・サービスを感動できるレベルに磨き上げる。

Googleビジネスプロフィール上でのポジティブな投稿を増やすためには、顧客を感動させる商品・サービスを感動してもらえる形で提供することです。そのためには商品・サービスを改善して顧客が感動できるレベルに磨きをかけることです。

第30問

正解B：法的措置を取るということをコメント投稿者に伝える

YouTubeへのネガティブなコメントへの対策としては次のような対策があります。

・コメントをモニタリングする
・コメントに対して適切に反応する
・問題を認識し、解決策を提供する
・ネガティブなコメントには感謝の意を示す
・オフラインでの対応を求める
・荒らし行為に対しては即時対応を行う
・繰り返し発生する問題に対しては改善策を検討する

第31問

正解D：GDPR

「GDPR」(General Data Protection Regulation)とは、「EU一般データ保護規則」と訳されるもので、個人データの保護やその取り扱いについて詳細に定められたEU域内の各国に適用される2018年5月25日に施行された法律のことです。

第32問

正解D：[1]不正に取得、[2]競争相手

不正競争防止法は、他社の企業秘密を不正に取得したり、不当な営業方法を用いて競争相手を不利にしたりする行為を禁止する法律です。ウェブサイト上で公開する情報には注意が必要です。企業秘密を無断で公開したり、他社の企業秘密を不正に利用してはなりません。

第33問

正解B：[1]安全性、[2]事故

ウェブサイト上で製品の説明を行う際には、その製品の安全性に関する情報を含め、説明が正確であることを確認する必要があります。誤った情報を提供することで生じた事故に対して、企業は責任を問われる可能性があります。

第34問

正解C：税金の未払い

企業がレンタルサーバー会社を利用する上でよく遭遇するトラブルには次のようなものがあります。

・利用規約違反
・料金の未払い
・データ管理ミス
・セキュリティ違反
・技術サポートの問題

第35問

正解B：マーケティング環境の構築

企業がウェブサイトをリニューアルする場合には、サーバーとシステムの取り扱いに関する慎重な考慮が必要です。次のような要素に特に注意を払う必要があります。

・移行計画
・システムとプラグインの互換性
・サーバー容量とパフォーマンス
・セキュリティの確保
・テスト環境の構築
・バックアップ
・操作マニュアルの作成とトレーニング

第36問

正解B：マーケティングが難しくなる

ウェブサイトの制作やウェブマーケティングを外注することのデメリットには次のようなものがあります。

・コストが高くなる
・コントロールが難しくなる
・品質のばらつきがある
・セキュリティリスクが生じる
・コミュニケーションの問題が生じる
・納期が遅れることがある
・外部企業への依存度が増加して知識の社内蓄積が困難になる

第37問

正解C：総合ポータルサイト

ウェブサイト制作やウェブマーケティングのすべて、または一部を外注する場合の見つけ方には次のような方法があります。

・ウェブ検索
・業界の雑誌・ウェブメディア
・マッチングサイト
・クラウドソーシングサイト・スキルマーケット
・知人・友人・取引先の口コミや評判
・セミナー・展示会
・一括見積もりサイト
・SNS・YouTube

第38問

正解C：プロジェクトがスムーズに進行し、予定通りの進捗を確保するため

ウェブサイトを外注する場合は、画像や文章など、プロジェクトに必要な素材を事前に準備することが重要です。これにより、プロジェクトがスムーズに進行し、予定通りの進捗を確保できます。素材の提出が少しでも遅くなると依頼先の制作会社や代理店には他にもクライアントが多数あるため自社のプロジェクトに対応するタイミングが先にズレてしまうので提出期限の遵守が非常に重要です。

第39問

正解B：3割近く

ITやウェブ業界に特化した人材紹介会社を活用することも1つの手段です。人材紹介会社は企業のニーズに合わせた候補者を見つけてくれます。しかし、年収の3割近くの紹介手数料がかかるため大きな費用がかかります。他にも自社に適さない人材が紹介されるリスクがあるため何度か紹介を受けて最適な人材を見つけるという手間がかかることがあります。

第40問

正解A：キャリアパス

配置転換は、スタッフに多様なキャリアパスを提供します。「キャリアパス」(career path)とは英語で、企業の人材育成制度の中でどのような職務にどのような立場で就くか、またそこに到達するためにどのような経験を積みどのようなスキルを身に付けるかといった道筋のことをいいます。

第41問

正解A：直帰率

売り上げや新規顧客獲得数以外のKGIとしては次のようなものもあります。

・ブランド認知度
・利益率
・顧客維持率

第42問

正解C：ポータルサイトで拡散されやすい

コンテンツマーケティングは非常に魅力的な集客方法であり、次のようなメリットがあります。

・信頼関係が構築できる
・SEO効果が高い
・費用対効果が高い
・ターゲットに絞ったマーケティングができる
・ソーシャルメディアで拡散されやすい

第43問

正解A：ウェビナー

動画はYouTubeやVimeoなどの動画共有サイトに投稿するストック型のものと、Instagram、TikTokなどに投稿する縦長の短尺動画、ウェビナーと呼ばれるセミナー形式のライブ配信のものなど、さまざまな形式のものがあります。

第44問

正解D：チェックリスト

「チェックリスト」とは業務内容や手順を項目にし、レ点を入れて、その作業を漏れなく実施するためのリストのことです。

ウェブサイト上で提供されているチェックリストは、自分の性格を自動的に診断するもの、自分の生活習慣を入力するとどのような病気になりやすいか、あるいはすでにその病気にかかっているかなどを自動的に診断することができるプログラムなどのことです。

第45問

正解A：[1]SEO　[2]リスティング広告

SEOを実施することにより、検索結果1ページ目の上位に自社サイトを表示することが可能になります。それにより、リスティング広告だけに依存しなくても検索エンジンからの集客が可能になり、採算割れをせずに利益を出すことが目指せるようになります。

第46問

正解A：金銭を受け取って

Googleは公式サイト上ではっきりと、金銭を受け取って張ったリンクは被リンクとして評価しないと述べています。

第47問

正解D：All in One SEO Pack

人気のCMSであるWordPressで記事ページのタイトルタグ、メタディスクリプション、その他項目を効率的に設定するためには「All in One SEO Pack」という無料のプラグインをWordPressにインストールするとよいでしょう。

「All in One SEO Pack」がインストールされている状態で。タイトルタグとメタディスクリプションを編集するにはサイトの管理画面にログインします。そして記事を書くときに画面の下のほうにある「タイトル」という欄にタイトルタグに記述する文言を入力し、「説明」という欄にメタディスクリプションに記述する文言を入力しましょう。

第48問

正解C：記事の著者情報

Googleが記事内で近年重視しているのは誰がその記事を書いたのかという著者情報です。その理由は、どんなに内容的に素晴らしい記事であってもそこに書かれている内容が事実と異なるものであればその情報は危険な情報になります。

たとえば、飼い猫の具合が悪いので、スマホでGoogle検索したユーザーがいたとします。そして検索結果上位に表示されていた記事ページに書かれていたアドバイス通りにした結果、猫の具合がさらに悪化するということもあり得ます。

第49問

正解B：プロフィール欄

ほとんどのSNS、ソーシャルメディアではプロフィール欄から自社サイトにリンクを張ることができます。また、Twitterや、Facebook、YouTubeなどは投稿したコンテンツ内から自由に自社サイト内にあるさまざまなページにリンクを張ることできるので、自社公式サイトの訪問者数を増やすことが可能です。

第50問

正解D：画像や動画

SNSでは画像や動画が重要な役割を果たします。テキストだけの投稿に比べて画像や動画が掲載されている投稿のほうがターゲットユーザーの目を引きます。ターゲットユーザーに訴求する関連性が高い画像や動画を使用しましょう。

第51問

正解C：動画MEOを実施する

動画マーケティングを実施するには次のような要素があります。

・明確な目的を設定する
・適切な配信プラットフォームを選択する
・ターゲットユーザーを理解する
・ユーザーニーズを満たすコンテンツを作成する
・視聴者の共感を生むコンテンツを作る
・シンプルでわかりやすいメッセージを伝える
・品質が高い動画を制作する
・継続的な投稿をする
・動画SEOを実施する

第52問

正解D：検索エンジンが探している内容の広告であるか?

リスティング広告が検索結果の広告欄に表示される順位は主に次の4つの要因で決定されます。

・希望入札額が他社よりも高いか?
・広告の品質が高いか?
・広告のリンク先ページの品質が高いか?
・ユーザーが探している内容の広告であるか?

第53問

正解B：[1]共感や興味を持ってもらえる　[2]ペルソナを設定する

SNS広告を出すときは、広告のターゲットとなるユーザー層を理解し、ユーザーに共感や興味を持ってもらえる広告コンテンツを作成しましょう。ターゲット層に合わないコンテンツは、広告効果が低くなる可能性があります。ペルソナを設定するなどしてターゲットユーザーの人物像を明確にしましょう。

第54問

正解A：プロフェッショナルで魅力的である

動画広告を利用する際の注意点も、SNSとほとんど同じですが、動画広告ならではのものとしては、動画の品質や編集、音楽、構成がプロフェッショナルで魅力的であることが、視聴者の注意を引き付けるために重要です。また、動画の冒頭で視聴者の興味を引く要素を盛り込み、適切な長さに抑えることも大切です。

これらのポイントを押さえることで、企業は動画広告を効果的に活用し、集客やブランド認知度の向上につなげることが可能になります。

第55問

正解D：A/Dテスト

オンライン広告を利用する際には次のような重要ポイントがあります。

- 効果的な広告コピーの作成
- 広告専用ページの作成
- A/Bテスト
- 効果測定と改善

第56問

正解D：高額な価格帯で提供する豪華な宿泊プラン

ホテル業界のフロントエンドとしては次のようなものが適切です。

- 手ごろな価格帯で提供する基本的な宿泊プラン
- 季節ごとに変わる特別プランやイベントに関連した季節別プラン
- 連泊することで割引が適用される連泊割引プラン
- 期間限定や数量限定の特別な限定プラン

第57問

正解D：［1］自社サイト　［2］モール　［3］メール

顧客が商品・サービスで購入するのは自社サイトやモールで、リピートを促すウェブマーケティングの施策はSNS・動画の他にはメールがあります。

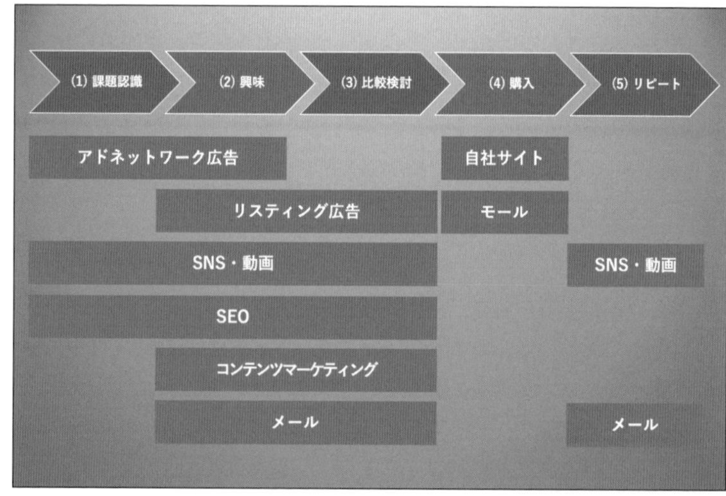

第58問

正解B：[1]オウンドメディア　[2]ペイドメディア　[3]アーンドメディア

トリプルメディアは、オウンドメディア、ペイドメディア、アーンドメディアがあります。

ペイドメディアにはGoogle、Yahoo!、NIKKEIなどの広告を掲載するメディアであり、アーンドメディアはソーシャルメディアのことであり、ソーシャルメディアにはFacebookなどのSNSがあるのでトリプルメディアを図にすると次のようなものになります。

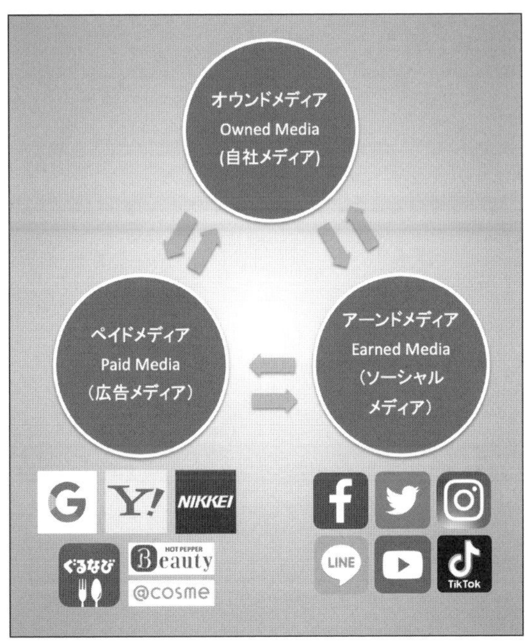

第59問

正解A：エディトリアルカレンダー

「エディトリアルカレンダー」とは、「コンテンツカレンダー」とも呼ばれるもので、コンテンツ制作のスケジュール管理をするために作成される表のことです。エディトリアルカレンダーは、紙のカレンダーや表計算ソフト、専門のコンテンツ管理ツールなど、さまざまな方法で作られます。

		記念日	ターゲット	目標	テーマ	内容	担当者
2023年7月1日	土	国民安全の日、童謡の					
2023年7月2日	日	ユネスコ加盟記念の日					
2023年7月3日	月	ソフトクリームの日、波の	ウェブ担当者	メタディスクリプションの書	ウェブページのメタ	メタディスクリプショ	三木巳喜男
2023年7月4日	火	梨の日					
2023年7月5日	水	江戸切子の日、穴子の	中小企業経営者、SNS担当者	Instagram　セミナー	Instagram活用のセ	初心者にわかりやす	武田ともこ
2023年7月6日	木	公認会計士の日、ゼロ					
2023年7月7日	金	川の日、カルピスの日、					
2023年7月8日	土	那覇の日、質屋の日、					
2023年7月9日	日	ジェットコースターの日					
2023年7月10日	月	納豆の日、ウルトラマン					
2023年7月11日	火	ラーメンの日					

備考	セールスページ	ブログ記事	Twitter	Facebook	Instagram	LINE公式	メールマガジン
		https://www.we	●	●		●	
	https://www.web-planners.net/ins		●	●	●	●	●

第60問

正解B：PBN

Googleはサイトの被リンク元を評価する上で、サイト運営者が自作自演で自分のブログを、他のブログからリンクすることを「PBN:プライベートブログネットワーク」と呼び、評価から除外することに努めています。

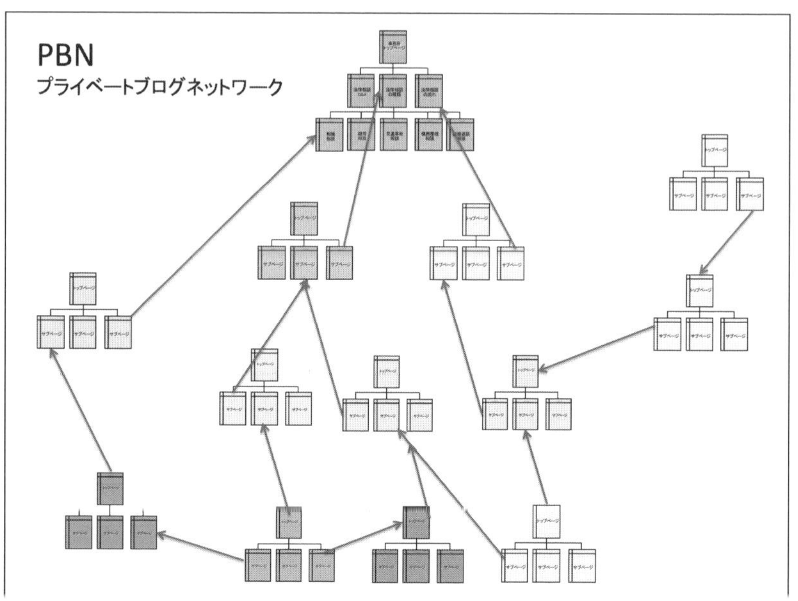

第61問

正解C：ワイヤーフレームは、ウェブページのレイアウトやコンテンツの配置を示すシンプルな設計図のことである。

サイト全体の構成と1つひとつのページの仕様が決まったら、次のステップは主要なページのデザインのもととなる「ワイヤーフレーム」の作成です。ワイヤーフレームとはウェブページのレイアウトやコンテンツの配置を決めるシンプルな設計図のことです。

第62問

正解C：ウェブ調査会社に競合調査ツールを開発してもらい自社内で調査作業をする

市場の消費者がどのような課題を抱えているかを知るには次のような方法があります。

・市場調査会社に調査を依頼する
・アンケートサイトに登録してアンケート依頼をする
・これまで商品・サービスを購入してくれた顧客にアンケートの依頼をする
・日々顧客からもらっている電話やメールによる問い合わせ情報を集計して考察する

第63問

正解B：資本金

ペルソナはターゲットユーザーをさらに深堀りしたものです。B2Cのサイトのターゲットユーザーを設定する際には次のユーザー属性を用います。

・年齢
・性別
・職業
・居住地域

ペルソナではこの他に下記を設定することが一般的です。

・職種
・地位
・収入
・関心事
・国籍・民族

第64問

正解B：メインナビゲーション、アクセスマップ

サイト内でユーザーがゴールに到達するためには、どのような情報要素が必要かを考えます。

情報要素には、サイトロゴ、ヘッダーナビゲーション、見出し、メインビジュアル、本文、詳細画像、テキストリンク、画像リンク、バナー、フッターメニューなどがあります。

第65問

正解B：ヘッダー

ナビゲーションの中でも最も重要といってよいのが、ヘッダーに設置するナビゲーションバーです。ナビゲーションバーとはウェブサイト内にある主要なページへリンクを張るメニューリンクのことです。主要なページへリンクを張ることから「グローバルナビゲーション」とも呼ばれます。

通常は、全ページのヘッダー部分に設置されます。そのことから「ヘッダーメニュー」や「ヘッダーナビゲーション」と呼ばれることもあります。

第66問

正解A：セリフ体

比較的多くのデバイスやブラウザで対応しているセリフ体としては、GEOR GIA、Times New Roman、Baskerville、Bodoni MTなどがあります。

第67問

正解A：After Effects

Adobe社が提供しているAfter Effectsなどを使うと、映画のようなタイトルロゴやイントロ、トランジション（場面転換）を作成できます。

第68問

正解A：[1]インプット [2]アウトプット

JavaScriptを活用することにより、ユーザーがウェブページ上で何らかのアクションを起こすと、それをプログラムがインプット(入力)として認識します。そしてあらかじめプログラムされた手順に従ってアウトプット(出力)として画面の指定された部分が変化します。

第69問

正解A：画像の自動切り替え

設問のソースコードは画像の自動切り替えという効果を実現するためのJavaScriptファイル内のソースコードです。

第70問

正解D：テーブル内のどのデータをどのように操作したいのかを記述するもの

設問のソースコードはPHPファイル内で、テーブル内のどのデータをどのように操作したいのかを記述するものです。

第71問

正解B：[1]消費者　[2]企業　[3]消費者

電子掲示板の登場により初めて消費者が自由に自分たちの意見を投稿し自由な発言をすることが可能になりました。それにより消費者の率直な商品・サービスへの感想や、企業がどのような顧客対応をしているかが透明化され、消費者が購入決定をする際の判断材料として利用されるようになりました。

第72問

正解C：まず多くの無料お役立ち動画を作ることで、視聴者を喜ばせる。

動画配信においては企業は、商品・サービスを売り込む前に、視聴者を喜ばすコンテンツを作って提供する必要があることを理解し、まずはたくさんの無料お役立ち動画を作るようにしましょう。

第73問

正解D：[1]静的な　[2]動的な

HTMLファイルで作ったウェブページの内容は基本的に固定されており、どのユーザーが見てもその中身は同じ内容です。ウェブページの作者がHTMLなどのタグを記述して保存をしたらその内容は人が変更しない限りそのままの状態で保存されます。

このような内容が固定されており、どのユーザーが見ても中身が変化しないウェブページを「静的なウェブページ」と呼びます。

確かにJavaScriptや一部のCSSの機能を使えばウェブページ上で単純な動作を表現することは可能です。しかしそれらはウェブページ内の一部のパーツに変化を付けるものがほとんどであり、限定的な動きに限られます。

一方、ユーザーが入力したデータに基づいてそれぞれのユーザーに異なった内容のウェブページを表示するのが「動的なウェブページ」です。

第74問

正解D：<meta name="robots" content="noindex">

検索エンジンの自然検索欄に表示されるページと広告専用ページの内容が重複すると自然検索での検索順位が下がってしまうため、広告専用ページのHTMLソース内に「<meta name="robots" content="noindex">」というような検索エンジンに登録しないためのタグを記載することがあります。

第75問

正解C：数千円から10万円前後

ホームページ作成サービスの月額利用料金は、数千円から10万円前後の範囲にわたり、利用できる機能や運用コンサルタントによるサポートの有無によって金額が変わります。

第76問

正解D：[1]プレスリリース　[2]5000円から3万円

企業がプレスリリースを投稿できるサービスがあります。サイトがオープンしたことを伝えるプレスリリース文を作成しプレスリリース代行サービスを利用するとそのプレスリリース文が複数の大手メディアのサイトに転載されて、それらのサイトからの訪問者を増やすことが可能です。1回あたり5000円から3万円の料金を払うと利用できます。

第77問

正解B：名前解決は、ドメイン名からIPアドレスを探す過程を指す。

DNSはDomain Name Systemの略で、インターネット上でドメイン名と、IPアドレスとの対応付けを管理するために使用されているシステムのことです。ドメイン名とIPアドレスの対応関係をサーバーへの問い合わせによって明らかにすることを「名前解決」(name resolution)と呼びます。そして、ドメイン名から対応するIPアドレスを求めることを「正引き」(forward lookup)、逆にIPアドレスからドメイン名を割り出すことを「逆引き」reverse lookup)といいます。

ドメイン名を管理しているDNSサーバーが停止してしまうと、そのドメイン内のホストを示すURLやメールアドレスの名前解決などができなくなり、ネットワークが利用者とつながっていてもそのドメイン内のサーバー類には事実上アクセスできなくなります。

第78問

正解B：ウェブ1.0は一部の人たちによる一方的な情報発信の形をとっていた。

ウェブ1.0はウェブを使った情報発信の方法を知る一部の人たちによる一方的な情報発信でした。ウェブ1.0は1990年代終わりまで続いたテキスト情報中心のウェブサイトの閲覧という形の一方通行のコミュニケーションの形を取ったものでした。

第79問

正解B：[1]ルーター　[2]ロードバランサー

ルーターとは、コンピュータネットワークにおいて、データを2つ以上の異なるネットワーク間に中継する通信機器です。高速のインターネット接続サービスを利用する現在では家庭内でも複数のパソコンやスマートフォン、その他インターネット接続が可能な情報端末を同時にインターネット接続する際に一般的に用いられるようになりました。無線でLAN接続する際には無線LANルーター（Wi-Fiルーター）が用いられています。

データベースサーバーは、データベースが格納されているサーバーです。これらのサーバー群がロードバランサー（負荷分散装置）に接続され、インターネットユーザーがウェブサイトやその他ファイルを利用します。

第80問

正解D：CSS

見栄えを記述する専用の言語としてCSS（Cascading Style Sheet：通称、スタイルシート）が考案され使用されるようになりました。CSSの仕様もHTMLと同様にW3Cによって標準化されています。

CSSが広く普及したことによりウェブページは従来の単純なレイアウト、デザインから、印刷物などのより高いデザイン性のある媒体に近づくようになり、洗練されたものになってきました。

CSSを使うことにより、フォント（文字）の色、サイズ、種類の変更、行間の高低の調整などのページの装飾ができます。

（　　　　　　　　　　）検定（　）級　試験解答用紙

【試験時間】 60分
【合格基準】 得点率80%以上

フリガナ	
氏　名	

【注意事項】
1、受験する検定名と、級の数字を（　）内に入れて下さい。
2、氏名とフリガナを記入して下さい。
3、解答欄から答えを一つ選び黒く塗りつぶして下さい。
4、訂正は消しゴムで消してから正しい番号を記入して下さい
5、携帯電話、タブレット、PC、その他デジタル機器の使用、書籍類、紙等の使用は一切禁止です。試験前に必ず電源を切って下さい。
試験中不適切な行為があると試験官が判断した場合は退席して頂きます。その場合試験は終了になります。
6、解答が終わるまで途中退席は出来ません。　7、解答が終わったらいつでも退席出来ます。　8、退席する時は試験官に解答用紙と問題用紙を渡して下さい。
9、解答用紙を試験官に渡したらその後試験の継続は出来ません。　10、同日開催される他の試験を受験する方は開始時刻の10分前までに試験会場に戻って下さい。**【合否発表】 合否通知は試験日より14日以内に郵送します。合格者には同時に認定証も郵送します。**

	解答欄		解答欄		解答欄		解答欄		解答欄		解答欄		
1	A B C D	15	A B C D	29	A B C D	43	A B C D	57	A B C D	71	A B C D		
2	A B C D	16	A B C D	30	A B C D	44	A B C D	58	A B C D	72	A B C D		
3	A B C D	17	A B C D	31	A B C D	45	A B C D	59	A B C D	73	A B C D		
4	A B C D	18	A B C D	32	A B C D	46	A B C D	60	A B C D	74	A B C D		
5	A B C D	19	A B C D	33	A B C D	47	A B C D	61	A B C D	75	A B C D		
6	A B C D	20	A B C D	34	A B C D	48	A B C D	62	A B C D	76	A B C D		
7	A B C D	21	A B C D	35	A B C D	49	A B C D	63	A B C D	77	A B C D		
8	A B C D	22	A B C D	36	A B C D	50	A B C D	64	A B C D	78	A B C D		
9	A B C D	23	A B C D	37	A B C D	51	A B C D	65	A B C D	79	A B C D		
10	A B C D	24	A B C D	38	A B C D	52	A B C D	66	A B C D	80	A B C D		
11	A B C D	25	A B C D	39	A B C D	53	A B C D	67	A B C D				
12	A B C D	26	A B C D	40	A B C D	54	A B C D	68	A B C D				
13	A B C D	27	A B C D	41	A B C D	55	A B C D	69	A B C D				
14	A B C D	28	A B C D	42	A B C D	56	A B C D	70	A B C D				

■編者紹介

一般社団法人全日本SEO協会

2008年SEOの知識の普及とSEOコンサルタントを養成する目的で設立。会員数は600社を超え、認定SEOコンサルタント270名超を養成。東京、大阪、名古屋、福岡など、全国各地でSEOセミナーを開催。さらにSEOの知識を広めるために「SEO for everyone! SEO技術を一人ひとりの手に」という新しいスローガンを立てSEOの検定資格制度を2017年3月から開始。同年に特定非営利活動法人全国検定振興機構に加盟。

●テキスト編集委員会

【監修】古川利博／東京理科大学工学部情報工学科　教授

【執筆】鈴木将司／一般社団法人全日本SEO協会　代表理事

【特許・人工知能研究】郡司武／一般社団法人全日本SEO協会　特別研究員

【モバイル・システム研究】中村義和／アロマネット株式会社　代表取締役社長

【構造化データ研究】大谷将大／一般社団法人全日本SEO協会　特別研究員

【システム開発研究】和栗実／エムディーピー株式会社　代表取締役

【DXブランディング研究】春山瑞恵／DXブランディングデザイナー

【法務研究】吉田泰郎／吉田泰郎法律事務所　弁護士

編集担当：吉成明久／カバーデザイン：秋田勘助（オフィス・エドモント）

ウェブマスター検定 公式問題集 1級
2024・2025年版

2023年10月20日　初版発行

編　者	一般社団法人全日本SEO協会
発行者	池田武人
発行所	株式会社　シーアンドアール研究所 新潟県新潟市北区西名目所4083-6(〒950-3122) 電話　025-259-4293　FAX　025-258-2801
印刷所	株式会社　ルナテック

ISBN978-4-86354-431-4 C3055